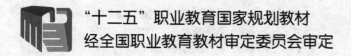

"十二五"职业教育国家规划教材
经全国职业教育教材审定委员会审定

JavaScript 程序设计案例教程
(第 2 版)

主　编　许　旻　孙　赢　陈　珂
副主编　王勤宏　万勇平
参　编　华　英　张晓艳　范广慧
　　　　赵敏涯　牛　丽

北京大学出版社
PEKING UNIVERSITY PRESS

内 容 简 介

本书以网站为载体，以实现常见 JavaScript 特效为主线，通过生动的范例和详细的代码注释，将知识点分解到 9 个教学单元，教学内容分别为 HTML+JavaScript+CSS 概述、HTML+DIV+CSS 筹备网站、JavaScript 基本语法、JavaScript 内置对象、DOM 对象、BOM 对象、事件处理、jQuery 和 Ajax 技术、HTML5+CSS3 技术。在案例操作后引入相应的具有一定扩展量的知识讲解，再通过实例训练巩固知识点的掌握。读者通过"教学做"一体化，可达到理论知识学习与实践技能训练整合的教学目的。

本书结构合理，示例丰富、注重实用，图文并茂，内容全面、代码注释详细，可作为大中专院校计算机及其相关专业的教材，也可以作为初、中级的 Web 设计人员和相关培训班学员的参考书。

图书在版编目(CIP)数据

JavaScript 程序设计案例教程/许旻，孙赢，陈珂主编. —2 版.　—北京：北京大学出版社，2015.5
ISBN 978-7-301-24308-4

Ⅰ. ①J…　Ⅱ. ①许…②孙…③陈…　Ⅲ. ①JAVA 语言—程序设计—高等职业教育—教材　Ⅳ. ①TP312

中国版本图书馆 CIP 数据核字（2014）第 118527 号

书　　　　名	JavaScript 程序设计案例教程（第 2 版）
著作责任者	许 旻 孙 赢 陈 珂 主编
策 划 编 辑	李彦红
责 任 编 辑	陈颖颖
标 准 书 号	ISBN 978-7-301-24308-4
出 版 发 行	北京大学出版社
地　　　　址	北京市海淀区成府路 205 号　100871
网　　　　址	http://www.pup.cn　新浪微博：@北京大学出版社
电 子 信 箱	pup_6@163.com
电　　　　话	邮购部 62752015　发行部 62750672　编辑部 62750667
印 刷 者	北京鑫海金澳胶印有限公司
经 销 者	新华书店
	787 毫米×1092 毫米　16 开本　16.5 印张　350 千字
	2011 年 2 月第 1 版
	2015 年 5 月第 2 版　　2021 年 8 月第 8 次印刷
定　　　　价	33.00 元

未经许可，不得以任何方式复制或抄袭本书之部分或全部内容。

版权所有，侵权必究

举报电话：010-62752024　电子信箱：fd@pup.pku.edu.cn

图书如有印装质量问题，请与出版部联系，电话：010-62756370

前　言

JavaScript 是 Web 上的一种功能强大的编程语言,用于开发交互式的 Web 页面。JavaScript 为网站设计者提供了建立交互式页面的先进技术,在建立动态页面方面,有着不可比拟的优点。

本课程是计算机专业的平台课程,是网页前端设计和交互设计、网站架构和网页前端工程师等岗位任职的基本需求之一,主要培养学生掌握客户端数据验证、使用对象来增强页面动态效果等技术,能够熟练开发丰富动态效果的 Web 应用程序的能力,最终达到更好地为网站设计开发而服务的目的。

本书根据当前高职教育的发展,针对高职高专学生的学习特点和兴趣,本着"以案例项目为载体,以工作过程为导向"的项目式教学模式,遵循"宽、新、浅、用"的原则而编写。第 2 版不仅在内容方面进行了更新,增加了 jQuery Mobile、HTML5 和 CSS3 的章节,而且还在上一版的基础上做了大量的修订和扩展。

本书起点低、讲解细,案例丰富、注重实用,图文并茂,内容全面、代码注释详细,采用项目驱动、案例教学方式组织教材内容,强化理论够用、实用、应用的原则,使用网页中较为实用的常见特效,使读者能够从实践中理解并巩固知识,在实践中提高能力。

本书采用案例带动知识点的方式,在案例操作后引入相应的具有一定扩展量的知识讲解,提供可帮助学生拓展知识和提高创造能力的习题,使学生将概念知识转化为形象认识,举一反三、融会贯通,实实在在地掌握所学的内容并能轻松运用。

本书循序渐进地对 JavaScript 的语法基础知识和基本技能进行介绍,读者可以通过实例系统地掌握 JavaScript 的语法基础、BOM 对象、DOM 对象、事件等知识点,结合案例综合掌握各章节知识点,更好地进行开发实践。

全书共分为 9 章:第 1 章主要介绍本书网站的案例分配和相应效果;第 2 章主要介绍 HTML 文档的基本操作、CSS 样式表的应用和使用 DIV+CSS 布局网页;第 3 章主要介绍 JavaScript 的语言基础;第 4 章主要介绍 JavaScript 的常用内置对象;第 5 章主要介绍 JavaScript 的文档对象模型、Style 对象和 DIV 的应用;第 6 章主要介绍浏览器对象模型;第 7 章主要介绍 JavaScript 的事件和事件处理;第 8 章主要介绍 jQuery 技术;第 9 章主要介绍 HTML5 和 CSS3 结合 JavaScript 的应用。

本书内容可按照 48 学时进行安排,教师可根据不同的使用专业灵活安排学时,课堂重点讲解每个章节的实例和知识点,根据引导案例设计网页特效。适用对象为网页开发自学者、大中专院校相关专业的学生。

本书配套资源包括案例和实例源代码、电子课件、习题答案等,可在北京大学出版社第六事业部网站(http://www.pup6.cn)上下载。

本书由苏州市职业大学计算机工程学院许旻、孙赢、陈珂、王勤宏、华英、张晓艳、范广慧、赵敏涯、牛丽和苏州市五维网络科技有限公司的万勇平参与编写。由许旻规划了全书的整体结构并承担了统稿工作。在编写过程中,参考了有关教材和某些网站的资料,同时也吸收和听取了许多院校专家及企业人士的宝贵经验和建议。在此谨向对本书编写、出版提供过帮助的人士表示衷心的感谢!

由于编者水平有限,编写时间仓促,书中难免存在不妥之处,敬请广大读者和专家批评指正。

编　者
2015 年 1 月

目　　录

第1章 HTML+JavaScript+CSS 概述

Web 标准目前流行的设计方式就是采用 HTML+JavaScript+CSS 将网页的内容、表现形式和动态效果分离，从而大大减少页面代码、提高网速，便于代码重用。HTML、JavaScript、CSS 都可跨平台运行，与操作系统无关，其代码易于维护，并能移植到其他新的 Web 程序中。

学习目标

知识目标	技能目标	建议课时
(1) 认识 HTML 语言 (2) 认识 JavaScript 语言 (3) 认识 CSS	(1) 了解 CSS 的概念 (2) 了解 JavaScript 的概念、作用和特点 (3) 了解 CSS 的概念和特点 (4) 了解网页编写的基本元素	1 学时

1.1 网站总体效果

➤ 案例陈述

本网站实现 JavaScript 学习平台的主要功能，网站主要包括"首页"、"课程介绍"、"课程学习"、"教务管理"、"在线测试"等导航栏目，"首页"链接指向网页"index.html"，"课程学习"的子栏目"理论知识"和"脚本调试"分别链接指向网页"Case13-3.html"和"Case11-1.html"，"教务管理"的子栏目"成绩登入"和"学生选课"分别链接指向网页"Case5.html"和"Case8.html"，"在线测试"链接指向网页"Case15.html"，导航栏布局见表 1-1。

表 1-1　导航菜单栏布局

一级菜单	首页	课程介绍	课程学习	教务管理	在线测试
二级菜单		课程性质	理论知识	成绩登入	
		课程标准	脚本调试	学生选课	
		考核方式			

通过本书中各章节案例的步步实现，最终显示的页面效果图如下。

图 1.1 为"首页(index.html)"效果图，主要由【案例 1】、【案例 2】、【案例 3】、【案例 4】、【案例 7】、【案例 10】、【案例 12】、【案例 14】、【案例 16】、【案例 17】、【案例 18】、【案例 19】、【案例 20】综合实现。

图 1.2 为"理论知识(Case13-3.html)"页面效果图，主要由【案例 6】、【案例 9】和【案例 13】综合实现。

图 1.3 为"成绩登入(Case5.html)"页面效果图，主要由【案例 5】实现。

图 1.4 为"学生选课(Case8.html)"页面效果图，主要由【案例 8】实现。

图 1.5 为"脚本调试(Case11-1.html)"页面效果图，主要由【案例 11】实现。

图 1.6 为"在线测试(Case15.html)"页面效果图，主要由【案例 15】实现。

图 1.1　"首页(index.html)"效果图

图 1.2　"理论知识(Case13-3.html)"页面效果图

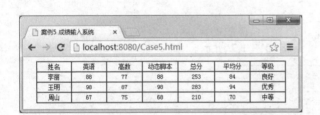

图 1.3　"成绩登入(Case5.html)"页面效果图　　图 1.4　"学生选课(Case8.html)"页面效果图

图 1.5　"脚本调试(Case11-1.html)"页面效果图

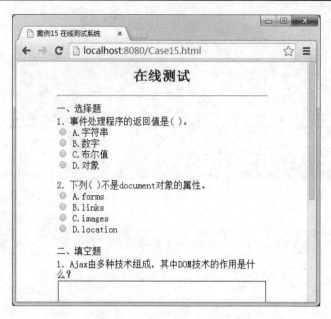

图 1.6　"在线测试(Case15.html)"页面效果图

> ## 案例实施

网站目录设置为 C:\JS02-web，网站目录结构如图 1.7 所示。

图 1.7　目录结构

css 文件夹用来存放 CSS 样式表。images 文件夹用来存放网站中所用到的图片。js 文件夹用来存放网站中的 JavaScript 文件或 jQuery 插件。

本书中使用 Dreamweaver CC 作为网页编辑器，使用 Google Chrome 浏览器浏览网页。

根据各案例所需实现的效果，会在接下来的章节中完成页面中不同部分的制作。在制作完成后，需要根据页面实际效果作一些细节上的调整，从而更加完善页面整体效果，例如各块之间的 padding 和 margin 值是否与页面整体协调，各个子块之间是否协调统一等。图 1.1 到图 1.6 所涉及的具体代码详见书本配套资源。

> ## 知识准备

知识点 1：HTML 简述

HTML 为超文本标志语言(HyperText Markup Language)，是用于描述 Web 页面的格式设计的符号标记语言。通过浏览器识别由 HTML 标记按照某些规则构成的 HTML 程序文件，并将 HMTL 文件翻译成可以识别的信息，即 Web 网页。

(1) HTML 是标准通用标记语言(Standard Generalized Markup Language)的一种。HTML 是 WWW(World Wide Web)的描述语言，可以完成 Web 服务器中的信息组织和操作，主要功能是运用标记(Tag)对文件进行操作以达到预期的效果，即在文本文件的基础上，添加系列的表示符号，用以描述格式与样式，存储为后缀名为.htm 或.html 的文件。通过专用的浏览器将 HTML 文件翻译成可以识别的信息，按照设定的格式与样式将所标记的文件显示在 Web 浏览器中，即成为 Web 浏览的网页。

(2) HTML 只是一个纯文本文件。创建一个 HTML 文档，只需要两个工具，一个是 HTML 编辑器，一个是 Web 浏览器。HTML 编辑器是用于生成和保存 HTML 文档的应用程序；Web 浏览器是用来打开 Web 网页文件，提供用户查看 Web 资源的客户端程序。

知识点 2：JavaScript 语言概况

1) JavaScript 的主要特点

JavaScript 是由 Netscape 公司开发的，是 Web 页面中的一种脚本编程语言，也是一种通用的、跨平台的、基于对象和事件驱动并具有安全性的脚本语言。它不需要进行编译，而是直接嵌入到 HTML 页面中，把静态页面转变成支持用户交互并响应相应事件的动态页面。它具有以下主要特点。

(1) 解释性。JavaScript 不同于一些编译性的程序语言，如 C、C++等，它是一种解释性的程序语言，它的代码设计不需要经过编译，可以直接在浏览器中运行时被解释。

(2) 简单性。它是一种基于 Java 基本语句和控制流之上的简化语言，变量并未使用严格的数据类型。

(3) 基于对象。这意味着它能运用自己已创建的对象，因此许多功能来自于对脚本环境中对象的方法和属性的调用。

(4) 事件驱动。它可以直接对用户或客户的输入作出响应，无须经过 Web 服务程序。它对用户的响应是采用以事件驱动的方式进行的。所谓事件驱动，就是指在主页中执行了某种操作所产生的动作，此动作被称为"事件"。如按下鼠标、移动窗口、选择菜单等都可以被视为事件。当事件发生后，可能会引起相应的事件响应。

(5) 安全性。它不允许访问本地硬盘，不能将数据存入到服务器上，不允许对网络文档进行修改和删除，只能通过浏览器实现信息浏览或动态交互，从而有效地防止了数据丢失。

(6) 跨平台。JavaScript 依赖于浏览器中的 JavaScript 的解释器来运行，与操作环境无关，只要计算机上装有支持 JavaScript 的浏览器就可正确执行。

2) JavaScript 与 Java 的不同

(1) 两种语言是两个公司开发的不同的两个产品。JavaScript 是 Netscape 公司的产品，是为了扩展 Netscape Navigator 的功能而开发的一种可以嵌入到 Web 页面中的基于对象和事件驱动的解释性语言；而 Java 是 Sun 公司推出的新一代面向对象的程序设计语言，特别适合于 Internet 应用程序开发。

(2) JavaScript 是基于对象的，而 Java 是面向对象的。JavaScript 是一种脚本语言，它可以用来制作与网络无关的、与用户交互的复杂软件，它是一种基于对象和事件驱动的编程语言，因而它本身提供了非常丰富的内部对象供设计人员使用；Java 是一种真正的面向对象的语言，即使是开发简单的程序，也必须设计对象。

(3) 两种语言在其浏览器中所执行的方式不一样。JavaScript 是一种解释性编程语言，其代码设计在发往客户端执行之前不需要经过编译，而是将文本格式的字符代码发送给客户端，由浏览器解释执行；Java 的代码设计在传递到客户端执行之前，必须经过编译，因而客户端上必须具有相应平台上的仿真器或解释器，它可以通过编译器或解释器实现独立于某个特定的平台编译代码的功能。

(4) 两种语言所采取的变量是不一样的。JavaScript 中变量的声明采用弱类型，即变量在使用前不需要进行声明，而是解释器在运行时检查其数据类型；Java 采用强类型变量检查，即所有变量在编译之前必须作声明。

(5) 代码格式不一样。JavaScript 的代码是一种文本字符格式，可以直接使用<script>…</script>标识嵌入 HTML 文档中，并且可动态装载，编写 HTML 文档就像编辑文本文件一样方便；Java 是一种与 HTML 无关的格式，必须通过像 HTML 中引用外媒体那样进行装载，使用<applet>…</applet>来标识，其代码以字节代码的形式保存在独立的文档中。

知识点 3：CSS 概述

CSS(Cascading Style Sheets)即层叠样式表，亦称为级联样式表单。它是由 W3C 组织制定的一种非常实用的网页元素定义规则，能有效地定制网页、改善网页的显示效果，并能产生滤镜、图像淡化、网页淡入淡出的渐变效果。

采用 CSS 布局相对于传统的 TABLE 网页布局具有以下 3 个显著优势。

(1) 表现和内容相分离。将设计部分剥离出来放在一个独立样式文件中，HTML 文件中只存放文本信息。这样的页面对搜索引擎更加友好。

(2) 提高页面浏览速度。对于同一个页面视觉效果，采用 CSS 布局的页面容量要比 TABLE 编码的页面文件容量小得多。

(3) 易于维护和改版。只要简单地修改几个 CSS 文件就可以重新设计整个网站页面。

1.2 本章小结

本章节主要介绍本书网站的案例分配和相应效果，介绍了 HTML、JavaScript、CSS 的基本概况，包括 HTML 定义，JavaScript 的主要特点、与 Java 语言的不同点，CSS 布局页面的优势等。

1.3 习题

1. 选择题

(1) HTML 是一种标记语言，它是由(　　)解释执行的。
　　A. 不需要解释　　B. 浏览器　　　　C. 操作系统　　　　D. 标记语言处理软件

(2) 在以下选项中，不属于 JavaScript 语言特点的是(　　)。
　　A. 基于对象　　　B. 跨平台无关　　C. 编译执行　　　　D. 脚本语言

(3) 要使用 Javascript 语言则必须掌握的内容是(　　)。
　　A. Java　　　　　B. VBScript　　　C. C++　　　　　　D. HTML

(4) 要浏览 JavaScript 脚本语言描述的页面，必须使用的软件是(　　)。
　　A. Word　　　　　B. 记事本　　　　C. 浏览器　　　　　D. Web 服务器

(5) 要在 HTML 中处理 Java Applet 小应用程序，则必须使用标记对(　　)。

  A．<applet></applet>   B．<java></java>

  C．<object></object>   D．<script></script>

(6) 在下面关于 CSS 样式的说明中，(　　)不是 CSS 的优势。

  A．页面样式与结构分离   B．页面下载时间更快

  C．轻松创建及编辑   D．使用 CSS 能增加维护成本

2．填空题

(1) 超文本标志语言的英文全拼是＿＿＿＿＿＿＿＿，英文缩写是＿＿＿＿＿＿＿＿。

(2) JavaScript 语言是＿＿＿＿＿＿＿＿公司开发的脚本描述语言。

(3) JavaScript 脚本程序可动态地描述在＿＿＿＿＿＿＿＿上运行的各项操作。

(4) JavaScript 有以下主要特点：解释性、简单性、＿＿＿＿＿＿＿＿、＿＿＿＿＿＿＿＿、动态性和安全性。

(5) CSS 的英文全称是＿＿＿＿＿＿＿＿。

3．判断题

(1) 网页是用 http 语言编写而成的。 (　　)

(2) JavaScript 的功能是用于客户端浏览器与用户的动态交互。 (　　)

(3) JavaScript 是一种需要编译的脚本描述语言。 (　　)

(4) 层叠样式表的功能是用于设置 HTML 页面文件、图片的外形以及版面布局，即外观样式。 (　　)

(5) 使用 HTML、CSS、JavaScript 可以将网页的内容、表现形式和动态效果分离实现代码重用。 (　　)

第2章 HTML+DIV+CSS 筹备网站

在设计网页时,首先应该考虑的是网页的布局和外观,使用 CSS 和 DIV 布局可以将页面组织得简单美观。在使用 JavaScript 之前,应该具备 HTML 网页设计的基础知识。

 学习目标

知识目标	技能目标	建议课时
(1) 掌握 HTML 语言的标记和属性 (2) 了解编写 HTML 的工具 (3) 掌握 CSS 的语法规则	(1) 能够独立编写 HTML 文档并调试 (2) 能熟练利用 CSS 样式美化页面 (3) 能熟练利用 DIV+CSS 构建网站框架	5 学时

2.1　【案例 1】使用 HTML 编写登录和注册界面

➢ 案例陈述

使用记事本编写 HTML 网页，使用表格定位实现登录界面和注册界面，主要包括表单中的文本框、密码框、普通按钮、单选按钮、复选框、提交和重置按钮、下拉列表框以及文字超链接等信息。登录界面如图 2.1 所示，注册界面如图 2.2 所示。

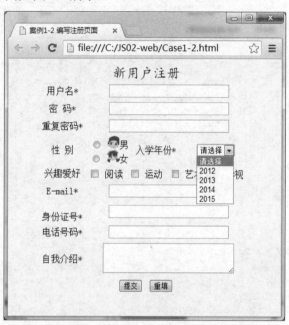

图 2.1　用户登录界面　　　　　　　　　图 2.2　新用户注册界面

➢ 案例实施

(1) 打开"记事本"，输入以下代码后，将网页保存到站点文件夹 C:/JS02-web 中，选择【文件】|【保存】命令，如图 2.3 所示，在【另存为】对话框中输入文件名："Case1-1.html"，保存类型为"所有文件(*.*)"。在 Google Chrome 浏览器中浏览该网页，运行效果如图 2.1 所示。

```html
<html>
<head>
<meta charset="gb2312">
<title>案例 1-1 编写登录页面</title>
</head>
<body>
<!–从这里开始复制-->
<form>
<table border="0" align="center">
  <tr>
    <td colspan="3" align="center">用户登录</td>
  </tr>
```

```
    <tr>
      <td width="59">邮箱名</td>
      <td colspan="2"><input type="text" name="email" id="email"></td>
    </tr>
    <tr>
      <td>密 码</td>
      <td colspan="2"><input type="password" name="psw" id="psw"></td>
    </tr>
    <tr>
      <td>验证码</td>
      <td colspan="2"><input name="pswtext" type="text" id="pswtext"></td>
    </tr>
    <tr>
      <td> </td>
      <td colspan="2"><input type="button" name="button" id="button" value="
生成4位验证码" onClick="change()">
        <input name="pswtext2" type="text" id="pswtext2" size="6" maxlength="4"></td>
    </tr>
    <tr>
      <td colspan="3" align="center"><input type="submit" name="submit1" id=
"submit1" value="登录">
        <input type="reset" name="reset1" id="reset1" value="清除"></td>
    </tr>
    <tr>
      <td align="right"> </td>
      <td width="120" align="right"><a href="#" target="blank">快速注册
</a></td>
      <td width="69" align="left"><a href="#">完整注册</a></td>
    </tr>
  </table>
</form>
<!--复制到这里结束-->
</body>
</html>
```

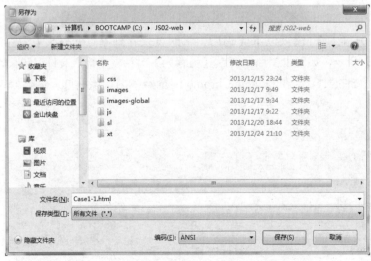

图2.3 "记事本"程序的【另存为】对话框

(2) 打开"记事本"，输入以下代码，将网页"Case1-2.html"保存至站点文件夹 C:/JS02-web 中。在 Google Chrome 浏览器中浏览该网页，运行效果如图 2.2 所示。

```
<!doctype html>
<html>
<head>
<meta charset="gb2312">
<title>案例 1-2 编写注册页面</title>
</head>
<body bgcolor="#FFFFCC">
<form name="form1" id="form1" action="" >
<table width="90%" border="0" align="center">
    <tr>
     <td colspan="4" align="center"><font face="楷体" color="#0000FF" size=5>
新用户注册</font></td>
    </tr>
    <tr>
     <td width="78"  align="center">用户名<font color="#ff0000">*</font></td>
     <td colspan="3" align="center"><input id="用户名" name="item1" type="text"
value="" size="30"></td>
    </tr>
    <tr>
     <td align="center">密 码<font color="#ff0000">*</font></td>
     <td colspan="3" align="center"><input id="密码" name="item2" type="password"
value="" size="30"></td>
    </tr>
    <tr>
     <td align="center">重复密码<font color="#ff0000">*</font></td>
     <td colspan="3" align="center"><input id=" 重 复 密 码 " name="item3"
type="password" value="" size="30"></td>
    </tr>
    <tr>
     <td align="center">性 别</td>
     <td width="78" align="center">
        <input type="radio" name="xingbie" value="male" id="male">
<img src="images/Male.gif" width="22" height="21"  alt=""/>男<br>
        <input type="radio" name="xingbie" value="female" id="female">
        <img src="images/Female.gif" width="23" height="21"  alt=""/>女<br>
     </td>
     <td width="80"  align="center">入学年份<font color="#ff0000">*</font></td>
     <td width="123"  align="center">
      <select name="select1" id="select1">
       <option value="">请选择</option>
       <option value="2012">2012</option>
       <option value="2013">2013</option>
       <option value="2014">2014</option>
       <option value="2015">2015</option>
     </select></td>
    </tr>
    <tr>
     <td align="center">兴趣爱好</td>
     <td colspan="3" align="center"><table width="100%" border="0">
```

```
    <tr>
        <td><input type="checkbox" name="aihao" value="read" id="aihao_0">
阅读</td>
        <td><input type="checkbox" name="aihao" value="sport" id="aihao_1">
运动</td>
        <td><input type="checkbox" name="aihao" value="art" id="aihao_2">
艺术</td>
        <td><input type="checkbox" name="aihao" value="film" id="aihao_3">
影视</td>
    </tr>
    </table>
    </td>
    </tr>
    <tr>
    <td align="center">E-mail<font color="#ff0000">*</font></td>
    <td colspan="3" align="center"><input id="Email" name="item4" type="text"
value="" size="30"></td>
    </tr>
    <tr>
    <td align="center"><br>
    身份证号<font color="#ff0000">*</font></td>
    <td colspan="3" align="center"><input id="身份证号" name="item5" type="text"
value="" size="30"></td>
    </tr>
    <tr>
    <td align="center">电话号码<font color="#ff0000">*</font></td>
    <td colspan="3" align="center"><input id="电话号码" name="item6" type="text"
size="30" maxlength="11"></td>
    </tr>
    <tr>
    <td align="center">自我介绍<font color="#ff0000">*</font></td>
    <td colspan="3" align="center"><textarea name="textarea1" cols="30" rows="3"
id="自我介绍"></textarea></td>
    </tr>
    <tr>
    <td colspan="4" align="center"><input type="submit" name="submit" id="submit"
value="提交">
    <input name="btn2" type="reset" value="重填"></td>
    </tr>
    </table>
    </form>
    </body>
    </html>
```

➤ 知识准备

知识点 1：HTML 文档的基本结构

HTML 基本结构包括头部(Head)和主体(Body)两大部分，其中头部描述浏览器所需要的文档信息，主体包含 Web 浏览器页面所显示的具体内容。头部程序代码中包含描述文档基本信息(文档标题、文档搜索关键字、文档生成器等)的标记。主体程序代码中包含描述网页元素(文本、表格、图片、动画、链接等)的标记。

(1) HTML 的标记分单独标记和成对标记两种。成对标记是由首标记<标记名> 和尾标记</标记名>组成的，成对标记的作用域只作用于这对标记中的文档，如<p></p>、<html></html>等。单独标记的格式为<标记名>，单独标记在相应的位置插入元素就可以了，如
、<hr>、<img>等。大多数标记都有自己的一些属性，属性要写在首标记内，用于进一步改变显示的效果。各属性之间无先后次序，是可选的，也可以省略属性而采用默认值。

(2) HTML 文档的基本结构如下：

```
<html>
<head>
头部信息
</head>
<body>
主体内容
</body>
</html>
```

【实例 2-1】使用"记事本"编写简单的 HTML 文档。

(1) 选择【开始】|【程序】|【附件】|【记事本】命令，在"记事本"的工作区域中输入 HTML 标识符，将其保存为"sl2-1.html"。具体代码如下：

```
<html>
<head>
<title>实例 2-1 简单的 html 文档</title>
</head>
<body>
欢迎学习 HTML 标记语言。
</body>
</html>
```

(2) 在 Google Chrome 浏览器中浏览该网页，运行效果如图 2.4 所示。

图 2.4　用"记事本"编写的简单 HTML 程序

知识点 2：文字修饰、段落和换行标记

在 Web 网页中，文字信息是最为普遍的，为了使页面更加美观，可以使用文字格式标记改变单调的文字外观，设置视觉效果较好的格式。

<font>标记可用于修饰文字的颜色、大小和字体，其常用属性"size"用于设置文字的字号，可选值为 1～7，默认文字大小为 3；属性"face"用于设置文字的字体效果，可以设置一个或多个字体名称；属性"color"用于设置文字的颜色，可以使用英文单词或十六进制颜色

代码，默认值为黑色。

<b>、<i>、<u>标记可用于修饰文字，作用分别使文字变成粗体、变成斜体、加下划线。

<h1>～<h6>标题标记可用于将文字变为标题显示。

<p>段落标记可以用来表示一段文本实现回车换行，其中 align 属性用于设置文字对齐方式，可选值有"left"、"center"、"right"，默认为左对齐。

换行元素用于同一段落内文字的换行显示，该元素没有属性，也不包含内容。

【实例 2-2】使用文字和段落标记修饰网页内容。

(1) 在"记事本"的工作区域中输入 HTML 标识符，将其保存为"sl2-2.html"。具体代码如下：

```
<html>
<head>
<title>实例 2-2 文字和段落标记的应用</title>
</head>
<body>
<!--本网页主要介绍的是苏州园林-->
<h1 align="center">苏州园林</h1>
<hr>
<p>       苏州是中国著名的国家级历史文化名城，有"人
间天堂，园林之城"的美誉。这里素来以山水秀丽，园林典雅而闻名天下，有<font color="red" size=5
face="黑体">"江南园林甲天下，苏州园林甲江南"</font>的美称。苏州古典园林<b><i><u>"不出城
郭而获山水之怡，身居闹市而有灵泉之致"</u></i></b>。<br>    
  1985 年，苏州园林即被评为中国十大美景之一。作为举世瞩目的历史文化名城，苏州沉淀
了二千五百余年"吴"文化底韵。约在公元前十一世纪，当地部族自号"勾吴"，苏州称"吴"。公元前 514
年吴王阖闾建都于此，其规模位置迄今未变，在世界上也少有。</p>
</body>
</html>
```

(2) 在 Google Chrome 浏览器中浏览该网页，运行效果如图 2.5 所示。

图 2.5　文字和段落标记应用效果图

其中，<!--…-->标记用于定义注释；<hr>标记用于显示水平线，其属性"color"用于设置水平线的颜色；属性"noshade"用于设置是否显示阴影，无此属性则显示阴影；属性"width"用于设置水平线的宽度，可以使用百分比或像素作为单位；属性"align"用于设置水平线的对

齐方式，可选值有"left"、"center"、"right"，默认为居中对齐；属性"size"用于设置水平线的粗细，单位为像素。

知识点 3：列表标记

在 HTML 页面中，使用列表标记可以起到提纲和格式排序的作用。列表分为两类，一是无序列表，二是有序列表。

1）无序列表

无序列表指没有进行编号的列表，项目各条列间无顺序关系，标记为<ul>...</ul>。<ul>和</ul>标记分别表示一个无序列表的起始位置和结束位置，<li>表示一个项目的开始位置。<ul>标记的常用属性为 type，此属性表示无序列表的项目符号样式，属性值有 3 个："disc"、"circle"、"square"，分别表示"实心圆"、"空心圆"、"小方块"。无序列表标记的语法结构如下：

```
<ul>
   <li>第一项</li>
   <li>第二项</li>
   <li>第三项</li>
...
</ul>
```

2）有序列表

有序列表是指各条列之间是有顺序的，如按 1、2、3…这样的次序一直排列下去。<ol>和</ol>标记分别表示一个有序列表的起始位置和结束位置，<li>表示一个项目的开始。<ol>标记的常用属性为 type 和 start。type 属性表示有序列表的序号样式，属性值有 5 个："1"、"a"、"A"、"i"、"I"，分别表示"数字 1、2、3…"、"小写英文字母 a、b、c…"、"大写英文字母 A、B、C…"、"小写罗马数字 i、ii、iii…"、"大写罗马数字 I、II、III…"；start 属性用来设置列表项的起始值，value 属性用来设置列表项目的起始值，其值均为整数。有序列表标记的语法结构如下：

```
<ol>
   <li>第一项</li>
   <li>第二项</li>
   <li>第三项</li>
...
</ol>
```

【实例 2-3】使用列表嵌套显示苏州园林目录。

(1) 在"记事本"的工作区域中输入 HTML 标识符，将其保存为"sl2-3.html"。具体代码如下：

```
<html>
<head>
<title>实例 2-3 列表嵌套的应用</title>
</head>
<body>
<h2 align="center">苏州园林目录</h2>
<ol type="A" start=1>
```

```
<li>简介</li>
<li>文化</li>
<li>气候</li>
<li>园林名录
    <ul type="square">
        <li>留园</li>
        <li>耦园</li>
        <li type="circle">沧浪亭</li>
        <li type="disc">狮子林</li>
        <li>网师园</li>
        <li>拙政园</li>
    </ul>
</li>
</ol>
</body>
</html>
```

(2) 在 Google Chrome 浏览器中浏览该网页，运行效果如图 2.6 所示。

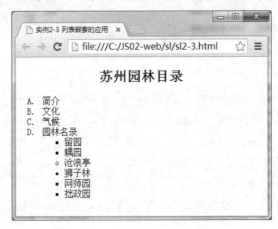

图 2.6　列表嵌套应用效果图

知识点 4：图像和超链接标记

1) 图像标记

图像在网页设计中是应用得非常多的一种网页元素，使用图像可以使网页更加美观，增强可浏览性。使用<img>图像标记将图像插入到网页中，其常用属性"src"用于设置图像文件所在的路径，将图片引用到 HTML 文件中；属性"align"用于设置图像与文字的对齐方式，可选值为"top"、"middle"、"bottom"、"right"、"left"；属性"width/height"用于设置图像的宽度或高度；属性"border"用于设置图像边框的宽度，默认值为 0；属性"alt"用于设置提示性文字，当浏览器没有成功加载图像或加载图像后鼠标悬停在该图片上时，将显示提示文字。

2) 超链接标记

超链接标记是网页元素中最重要的标记之一，Web 网站是由多张网页组成的，页面之间根据超链接确定相互的导航关系。单击网页上的超链接文字或图像，可以跳转到另一张网页。HTML 文档中的超链接标记为<a>…</a>，其常用属性"href"指定链接路径，当设置为"#"

时表示一个空链接；属性"name"指定链接名称，常用于锚链接；属性"target"指定链接的目标窗口的打开方式。

【实例 2-4】修改实例 2-3 的网页，为目录添加超链接。

本实例主要实现以下效果：单击超链接后通过"锚"跳转到文章正文的相应位置；在正文"简介"处添加图像"szyl.jpg"，将图像宽度和高度分别设置为 160 像素和 125 像素，图片与文字的对齐方式为居中，提示文字设置为"苏州园林图片"，单击图像可打开百度图片(http://image.baidu.com)；在网页最下方添加文字"如有疑问，请发送邮件给管理员"，并对文字"发送邮件"添加邮件链接(08.xxjs@163.com)。

(1) 在"记事本"的工作区域中输入 HTML 标识符，将其保存为"sl2-4.html"。具体代码如下：

```
<html>
<head>
<title>实例 2-4 图像与超链接的应用</title>
</head>
<body>
<h2 align="center"><a name="mulu">苏州园林目录</a></h2>
<ol type="A" start=1>
<li><a href="#jianjie">简介</a></li>
<li><a href="#wenhua">文化</a></li>
<li><a href="#qihou">气候</a></li>
</ol>
<p><a name="jianjie">简介</a>
<a href="http://image.baidu.com/">
<img src="images/szyl.jpg" width="160" height="125"  alt="苏州园林图片" align="middle"></a></p>
```
<p>苏州园林是中国江苏苏州山水园林建筑的统称，又称"苏州古典园林" 以私家园林为主，起始于春秋时期吴国建都姑苏时 (吴王阖闾时期，公元前 514 年)，形成于五代，成熟于宋代，兴旺鼎盛于明清，到清末苏州已有各色园林一百七十多处，现保存完整的有六十多处，对外开放的园林有十九处。1997 年，苏州古典园林作为中国园林的代表被列入《世界遗产名录》，被胜誉为"咫尺之内再造乾坤"，是中华园林文化的翘楚和骄傲。苏州园林主要有沧浪亭、狮子林、拙政园、留园、网师园、怡园等。</p>

```
<p align="right"><a href="#mulu">返回顶处</a></p>
<p><a name="wenhua">文化</a></p>
```
<p>苏州园林吸收了江南园林建筑艺术的精华，是中国优秀的文化遗产，理所当然被联合国列为人类与自然文化遗产。苏州园林善于把有限空间巧妙地组成变幻多端的景致，结构上以小巧玲珑取胜。网师园、狮子林、拙政园、留园统称"苏州四大名园"，素有"江南园林甲天下，苏州园林甲江南"之誉。苏州园林代表了中国私家园林的风格和艺术水平，是不可多得的旅游胜地。苏州园林是时间的艺术、历史的艺术。园林中大量的匾额、楹联、书画、雕刻、碑石、家具陈设、各式摆件等，无一不是点缀园林的精美艺术品，无不蕴含着中国古代哲理观念、文化意识和审美情趣。</p>

```
<p align="right"><a href="#mulu">返回顶处</a></p>
<p><a name="qihou">气候</a></p>
```
<p>苏州地处温带，气候温和，雨量充沛。属亚热带湿润季风气候，年均降水量 1100 毫米，年均温 15.5℃，1 月均温 2.5℃。7 月均温 28℃。
全市地势低平，平原占总面积的 55%，水网密布，土地肥沃，物产丰富，雨量充沛，平野稻香，碧波鱼跃，农副物产十分丰富，人们传诵的"近炊香稻识红莲"、"桃花流水鳜鱼肥"、"夜市买菱藕，春船载绮罗"的诗句，就是历代诗人对苏州物产富足的赞美和讴歌。苏州园林　苏州园林
主要种植水稻、麦子、油菜，出产棉花、蚕桑、林果，特产有碧螺春茶叶、长江刀鱼、太湖银鱼、阳澄湖大闸蟹等。苏州是闻名遐迩的"鱼米之乡"、"丝绸之府"，素有"人间天堂"之美誉。</p><p
align="right"><a href="#mulu">返回顶处</a></p>

```
如有疑问，请<a href="mailto:08.xxjs@163.com">发送邮件</a>
给管理员</p>
</body>
</html>
```

(2) 在 Google Chrome 浏览器中浏览该网页，运行效果如图 2.7 所示。

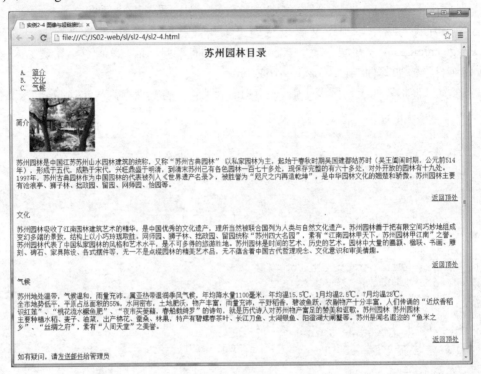

图 2.7　超链接标记应用效果图

知识点 5：表格和表单标记

1) 表格标记

在网页中表格的用途很广，既可用于显示二维结构的数据，也可用于页面的排版布局，表格由行、列和单元格组成。使用<table>标记可以将表格插入到 HTML 网页中，常用的表格属性"border"表示表格的边框宽度，默认值为 1，不带参数时，表格没有边框；属性"width /height"用于设置表格的宽度或高度；属性"align"用于设置表格的对齐方式，可选值为"left"、"center"、"right"，默认为"left"；属性"bgcolor/background"用于分别设置表格的背景颜色或背景图像；属性"cellspacing"用于控制相邻单元格之间的距离；属性"cellpadding" 用于控制单元格内部文字与边框的边距；单元格中的属性"colspan/rowspan"用于合并同一行或同一列中的单元格。

2) 表单标记

在 Web 页面中，表单是用来收集用户输入信息的常用手段。HTML 能够制作、呈现并提交表单，表单提交后的处理工作一般由服务器端的 Web 应用程序完成。

表单标记为<form>，表单中可以包含多项表单元素(又称输入域)，表单元素之间不能进行嵌套，其主要属性"action"用于设置表单的提交地址，可以为绝对地址或相对地址，一般应填写特定 Web 应用程序的地址；属性"method"用于设置表单中数据的提交方法，值为"get"

或 "post"，默认为 "get"。表单中的大部分输入域用<input>表示，通过 type 属性进行区分，type 属性值一般有 "submit/reset/button"、"text/textarea"、"password"、"checkbox/radio"，分别表示提交/重置/普通按钮、文本框/文本区域、密码框、复选框/单选按钮；下拉列表与列表框均使用<select>标记，中间包含一组<option>标记提供选项。

【实例 2-5】使用表格和表单设计注册页面。

(1) 在 "记事本" 的工作区域中输入 HTML 标识符，将其保存为 "sl2-5.html"。具体代码如下：

```html
<html>
<head>
<title>实例 2-5 表格和表单的应用</title>
</head>
<body>
<form id="form1" name="form1" method="post">
  <table width="50%" border="1" bgcolor="#CCCCCC" align="center" >
    <tr>
      <td align="center" colspan="2">用户注册</td>
    </tr>
    <tr>
      <td width="24%">用户名</td>
      <td width="76%"><input type="text" name="user1" id="user1"></td>
    </tr>
    <tr>
      <td>密码</td>
      <td><input type="password" name="psw1" id="psw1"></td>
    </tr>
    <tr>
      <td>重复密码</td>
      <td><input type="password" name="psw2" id="psw2"></td>
    </tr>
    <tr>
      <td>性别</td>
      <td>
        <label>
          <input name="R1" type="radio" id="R1_0" value="male" checked>
          男
        </label>
        <label>
          <input type="radio" name="R1" value="female" id="R1_1">
          女</label>
        <br>
      <label for="radio"> </label></td>
    </tr>
    <tr>
      <td>爱好</td>
      <td>
        <label>
          <input type="checkbox" name="C1" value="travel" id="C1_0">
```

```
      旅游</label>
    <label>
      <input type="checkbox" name="C1" value="book" id="C1_1">
      阅读</label>
    <label>
      <input type="checkbox" name="C1" value="sports" id="C1_2">
      运动</label>
</td>
  </tr>
  <tr>
    <td>学历</td>
    <td><select name="s1" id="s1">
      <option selected>中专</option>
      <option>高中</option>
      <option>大专</option>
      <option>本科</option>
      <option>研究生</option>
    </select></td>
  </tr>
  <tr>
    <td>自我介绍</td>
    <td><textarea name="textarea" rows="3" id="textarea"></textarea></td>
  </tr>
  <tr>
    <td colspan="2"> </td>
  </tr>
  </table>
</form>
</body>
</html>
```

(2) 在 Google Chrome 浏览器中浏览该网页，运行效果如图 2.8 所示。

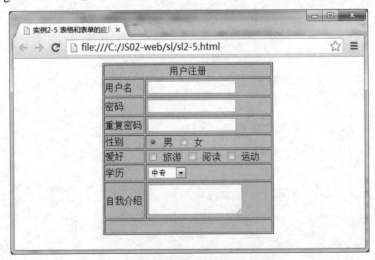

图 2.8　表格和表单标记应用效果图

2.2　【案例2】使用 CSS+UL 制作导航栏

➢ **案例陈述**

使用 CSS+UL 进行布局制作导航菜单栏，要求对一系列的数据进行相同的修饰。案例效果如图 2.9 所示。

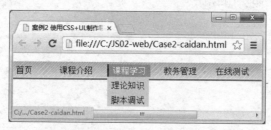

图 2.9　使用 CSS+UL 制作导航栏菜单

➢ **案例实施**

(1) 新建网页 "Case2-caidan.html"，使用 UL 和 DIV 布局描述菜单列表项内容，代码如下所示，这里先将各项菜单链接设置成空链接 "#"，待网站全部完成后可修改成对应网页文件。

```html
<html>
<head>
<meta charset="gb2312">
<title>案例2 使用 CSS+UL 制作导航栏菜单</title>
</head>
<body onLoad="makeMenu()">
<!-从这里开始复制-->
<div id="nav">
<ul id="menu1">
<li><a href="#">首页</a></li>
<li><a href="#">课程介绍</a>
    <ul>
    <li><a href="#">课程性质</a></li>
    <li><a href="#">课程标准</a></li>
    <li><a href="#">考核方式</a></li>
    </ul>
</li>
<li><a href="#">课程学习</a>
    <ul>
     <li><a href="#">理论知识</a></li>
    <li><a href="#">脚本调试</a></li>
    </ul>
</li>
<li><a href="#">教务管理</a>
    <ul>
     <li><a href="#">成绩登入</a></li>
    <li><a href="#">学生选课</a></li>
    </ul>
```

```
</li>
<li><a href="#">在线测试</a></li>
</ul>
</div>
<!-复制到这里结束-->
</body>
</html>
```

编辑好的页面效果如图 2.10 所示。

图 2.10　列表菜单效果

(2)　新建 CSS 样式表文件 "case2-caidan.css"，使用 CSS 修饰列表使菜单变成横向，达到图 2.9 所示的显示效果，代码如下：

```
#nav{
font-size:16px;
z-index:100;/*菜单所在层的堆叠顺序*/
text-align:center;/*菜单与网页边距*/
display: block;
margin-top: 0;
margin-right: auto;
margin-bottom: 0;
margin-left: auto;
position: static;
height: 35px;
width: 1000px;
background-color: #CFF;
background-image: url(../images/header_bg.jpg);
background-repeat: repeat-x;
background-position: 0px -96px;
}
#nav #menu1{
line-height: 24px;
list-style-type: none;
display: block;
margin-top: 0px;
margin-left: auto;
font-size: 16px;
background-color: #F00;
margin-right: auto;
width: 510px;
}
#nav ul li{
float:left;/*列表项向左浮动*/
```

```
width:80px;
text-align:center;
margin-top:4px;
margin-right:20px;
}/* width 是父级菜单的宽度 */
#nav ul li ul{
float:left;/*列表项向左浮动*/
position: absolute;
line-height:24px;
display:none;
list-style-type:none;
width:80px;
background-color:#FCF;
padding:0px;
 }
#nav ul li ul li{
background:#FCF;/*二级菜单的粉红背景色*/
width:80px;
}
#nav ul li.mouseover ul{
display:block;
width:80px;
}
#nav a{
cursor:hand;
width:70px;
display:block;
color:#30F;
width:80px;
text-align:center;
text-decoration:none;
}
#nav a:hover{
color:#fff;
background:#0CC;/*超链接覆盖的颜色*/
display: block;
border-left-width: 3px;
border-left-style: solid;
border-left-color: #F00;
}
```

　　(3) 在<head>…</head>中添加如下代码，链入样式表文件"case2-caidan.css"，并给列表项添加导航效果。

```
<head>
<link href="css/case2-caidan.css" rel="stylesheet" type="text/css">
<script>
function makeMenu(){
var
items=document.getElementById("nav").getElementsByTagName("li");
for (var i=0;i<items.length;i++){
```

```
items[i].onmouseover=function(){
this.className="mouseover";
}
items[i].onmouseout=function(){
this.className="";}
}
}
</script>
</head>
```

(4) 在 Google Chrome 浏览器中浏览该网页，运行效果如图 2.9 所示。

➢ **知识准备**

知识点 1: CSS 语法规则

CSS 语句的基本结构是：选择符{属性:属性值;}，分号用于分隔多个属性，最后的分号可以省略。

```
selector{property:value; property:value;…}
```

在 CSS 样式中，常见选择符有以下 3 种。

(1) HTML 选择符。HTML 选择符的名称为 HTML 元素名，会影响页面中所有的同名元素，如 p、h1、div、img、body、td 等。例如：

```
td{font-size: 9pt; color: blue;}
```

(2) ID 选择符，唯一性选择符。ID 选择器在一个页面中只能出现一次，在整个网站中也最好出现一次，这样有利于程序员控制此元素，名称以符号 "#" 开头，会影响页面中 ID 属性值相同的元素。例如：

```
<style>
  #redone{color:red}
</style>
<p id="redone">红色火焰</p>
<p>黑色神秘</p>
```

由于以上代码中的"红色火焰"使用 ID 标识引用 redone 样式，所以文字"红色火焰"是红色的，而文字"黑色神秘"则仍采用默认颜色。

(3) Class 选择符，多重选择符。Class 选择符在一个页面中可以出现多次，名称以符号 "." 开头，会影响页面中所有 Class 属性值相同的元素。

Class 选择符可以分为两种，一种是相关的 Class 选择符，它只与一种 HTML 标记有关系。例如，让一部分而不是全部 h1 的颜色是红色，可以使用以下代码：

```
<style>
  h1.redone{color:red}
</style>
<h1 class=redone>脚本语言与动态网页设计<h1>
This is H1.
```

第二种是独立 Class 选择符，它可以被任何 HTML 标记所应用。例如，可以将样式 blueone 应用于 h2 和 p 中，代码如下：

```
<style>
   .blueone{color:bule}
</style>
<h2 class="blueone">苏州园林</h2>
<p class="blueone">苏州有"人间天堂，园林之城"的美誉。</p>
```

知识点 2：CSS 的使用方式

有 4 种方式将样式表加入到 HTML 文档中，每种方式各有特点，具体介绍如下。

1) 内联样式表

直接设置 HTML 正文标签的 style 属性。使用这种方式时，HTML 4.01 标准建议用户在网页<head></head>标签之间增加一个<meta>标签，应用示例如下：

```
<html>
<head>
<title>内联样式表</title>
<meta http-equiv="Content-Style-Type" content="text/css">
</head>
<body>
<p style="font-size:14pt;color:blue">蓝色14号文字</p>
</body>
</html>
```

这种方式的不足之处：如果要将同样的样式风格设置到网页中所有的段落上，需要对每个<p>标签进行重复设置。

2) 嵌入样式表

在网页文档的头部<head></head>标签之间定义<style></style>标签，在其中加入各网页元素的样式规则定义，应用示例如下：

```
<head>
<style type="text/css">
body {background-color:red;}
</style>
</head>
```

3) 外部样式表

嵌入样式表中的<style></style>标签之间的样式规则定义语句，可以放置在一个单独的外部文件中，即外部样式表文件，扩展名为.css。一个外部样式表文件可以在网页的<head>部分通过<link>标签链接到 HTML 文档中，应用示例如下：

```
<head>
<link rel="stylesheet" type="text/css" href="css 文件所在目录/css 文件名.css"/>
</head>
```

其中 type 属性是可选的，rel 和 href 属性是必需的。使用外部样式表可以为整个网站定义通用的样式风格。

4) 引入样式表

可以使用 CSS 的@import 声明将一个外部样式表文件引入到另外一个 CSS 文件中，被引入的 CSS 文件中的样式规则定义语句就成为引入到的文件的一部分，或者使用@import 声明将一个 CSS 文件引入到网页文件的<style></style>标签之间，应用示例如下：

```
<style type="text/css">
<!--
@import url(/stylesheets/style.css);
p{color:yellow;}                    //新的样式规则
-->
</style>
```

上面的代码中，url 属性值是 CSS 文件的绝对路径或相对路径。在使用@import 声明的同时，还可以定义新的样式规则，在出现同类性质的规则定义时，以放在最后面的定义为准。

知识点 3：CSS 属性

属性是 CSS 非常重要的部分，熟练掌握 CSS 的各种属性可以使得编辑页面更加得心应手。CSS 规范中规定的属性相当多，下面参考 Dreamweaver CC 中对 CSS 属性的分类进行介绍，主要包括布局属性、文本属性、边框属性、背景属性、列表属性等。

(1) 布局属性。布局的主要属性见表 2-1。

表 2-1　布局的主要属性

属　　性	说　　明	可选值
width	设置宽度	\<length\>、\<percentage\>、auto
height	设置高度	\<length\>、\<percentage\>、auto
minWidth	设置最小宽度	\<length\>、\<percentage\>、auto
minHeight	设置最小高度	\<length\>、\<percentage\>、auto
maxWidth	设置最大宽度	\<length\>、\<percentage\>、auto
maxHeight	设置最大高度	\<length\>、\<percentage\>、auto
margin	设置边距(可设置 4 个值)	\<length\>、\<percentage\>、auto
margin-top margin-bottom margin-left margin-right	设置元素的上、下、左、右边距	\<length\>、\<percentage\>、auto
padding	设置内部填充(可设置 4 个值)	\<length\>、\<percentage\>、auto
padding-top padding-bottom padding-left padding-right	设置元素的上、下、左、右填充	\<length\>、\<percentage\>、auto
position	设置定位方式,应配合 top、bottom、left、right 使用	absolute、static、relative、fixed
top	设置元素的顶边缘距离父元素顶边缘的之上或之下的距离	\<length\>、\<percentage\>、auto
bottom	设置元素的底边缘距离父元素底边缘的之上或之下的距离	\<length\>、\<percentage\>、auto
left	设置元素的左边缘距离父元素左边缘的左边或右边的距离	\<length\>、\<percentage\>、auto

续表

属　　性	说　　明	可选值
right	设置元素的右边缘距离父元素右边缘的左边或右边的距离	\<length\>、\<percentage\>、auto
float	设置浮动方式	left、right、none
clear	设置要清除浮动的一侧	left、right、none、both
overflow	设置当元素内容溢出其区域时的处理方法	visible、hidden、scroll、auto、no-content、no-display
display	设置元素如何被显示	None、block、inline 等
visibility	设置元素可见性	visible、hidden、inherit、collapse
z-index	设置元素的堆叠次序	auto、value
Opcity	设置不透明级别	数值
Cursor	设置显示的指针类型	url、pointer、text、wait、help、hand 等

(2) 文本属性。文本的主要属性见表 2-2。

表 2-2　文本的主要属性

属　　性	说　　明	可选值
color	设置文本的颜色	颜色值
font	设置字体复合属性	综合设置字体信息
font-family	设置元素的字体系列	字体名称
font-style	设置元素的字体样式	normal、italic、oblique
font-variant	用小型大写字母字体来显示文本，设置字体变形	normal、small-caps
font-weight	设置字体的粗细	normal、bold、bolder、lighter 等
font-size	设置元素的字体大小	absolute-size、relative-size、\<length\>(长度单位)、\<percentage\> (百分比)等
line-height	设置文本的行高	normal、\<length\>、\<percentage\>
text-align	设置文字的对齐方式	left、right、center、justify
text-decoration	设置文本的修饰	none、underline、overline、line-through、blink
text-indent	设置缩紧首行的文本	\<length\>、\<percentage\>
text-transform	对文本设置大写效果	capitalize、uppercase、lowercase、none
letter-spacing	设置文本中字符之间的空格	normal、\<length\>
word-spacing	设置单词之前的空白	normal、\<length\>
white-space	设置元素内空白处的选项	normal、nowrap、pre、pre-line、pre-wrap
vertical-align	设置垂直对齐方式	baseline、sub、super、top、text-top、middle、bottom、text-bottom、\<length\>、\<percentage\>、inherit

(3) 边框属性。边框的主要属性见表 2-3。

表 2-3　边框的主要属性

属　　性	说　　明	可选值
border-collapse	设置边框折叠	collapse、separate
border-spacing	设置边框空间	\<length\>、\<percentage\>等
border-color	设置边框颜色	颜色值
border-top-color border-bottom-color border-left-color border-right-color	设置上、下、左、右边框颜色	颜色值
border-width	设置边框宽度	thin、medium、thick、\<length\>
border-top-width border-bottom-width border-left-width border-right-Width	设置上、下、左、右边框宽度	thin、medium、thick、\<length\>
border-style	设置边框样式	none、dotted、dashed、solid、double、groove、ridge、inset、outset
border-top-style border-bottom-style border-left-style border-right-style	设置上、下、左、右边框样式	none、dotted、dashed、solid、double、groove、ridge、inset、outset
border	设置边框复合属性	综合设置边框信息

(4) 背景属性。背景的主要属性见表 2-4。

表 2-4　背景的主要属性

属　　性	说　　明	可选值
background-color	设置元素的背景颜色	颜色值
background-image	设置元素的背景图像 通过 background-gradient 可设置背景图像渐变	url、none 颜色值
background-position	设置背景位置	\<percentage\>、\<length\>、top、left、right、bottom、center 等
background-repeat	设置背景重复	repeat、repeat-x、repeat-y、no-repeat
background-attachment	设置背景图像滚动模式	scroll、fixed
background	设置背景复合属性	综合设置背景信息

(5) 列表属性。列表的主要属性见表 2-5。

表 2-5　列表的主要属性

属　　性	说　　明	可选值
list-style-image	设置列表样式图像	url、none
list-style-position	设置列表项目标记位置	inside、outside
list-style-type	设置列表项目标记类型	disc、circle、square、lower-rowan、decimal、upper-roman、lower-alpha、upper-alpha、none 等
list-style	设置列表项目复合属性	综合设置列表项目信息

【实例 2-6】CSS 属性的简单应用。

本实例主要使用 CSS 属性中的相关属性设置实现以下应用：背景图片始终位于页面正中，不随页面内容滚动；超链接、图文混绕、图片定位、段落边框等样式。

(1) 在"记事本"的工作区域中输入 HTML 标识符，将其保存为"sl2-6.html"。具体代码如下：

```
<html>
<head>
<meta charset="gb2312">
<title>实例 2-6 CSS 属性的应用</title>
<style>
body{
    font-family: "宋体";
font-size: 12px;
background-attachment: fixed;
background-image: url(pageback.jpg);
background-repeat: no-repeat;
background-position: center;
line-height: 25px;
padding: 25px;
}
a:link {
color:#00F;
text-decoration: none;
}
a:visited {
color: #FF9900;
text-decoration: none;
}
a:hover {
color: #FF6600;
text-decoration: underline;
cursor:wait;
}
.box1 {
font-family: "宋体";
font-size: 12px;
```

```
padding: 6px;
line-height: 15px;
text-indent: 24px;
background:#CCC;
}
.box2 {
padding: 6px;
float: right;
}
#textback{
line-height:160%;
text-indent:2em;
border-top:2px dotted #0000FF;
border-right:1px solid #FF0000;
border-bottom:3px dashed #00FF00;
border-left:4px double #FF00FF;
padding:10px;
}
.pos1 {
position: relative;
top: 50%;
left: 40%;
}
.pos2 {
position: absolute;
right: 20px;
top: 50px;
}
</style>
</head>
<body>
<table width="351" border="0" align="center">
  <tr><td  width="345"  class="box1"><p><img  src="night.jpg"  width="120"
height="165" class="box2">CSS 中关于布局的设置十分有用，它可以非常方便的设置对象的边界、间
距、高度、宽度、和漂浮方式等。本例中你将学会如何通过设置表格内的间距，设置图片及文本内容之间的
空白距离等。 </p>
        <p>我们可以非常明显地看出应用样式表前后的区别。在使用样式表之前，页面表格中的图片和文
字与表格边框完全没有间隔，而且图片位于文字上方，没有什么美观而言；但是在使用了样式表之后，表格
的边框与其中的内容之间有了整齐的间隔，而且图片居右，文字环绕其周围，实现了图文混排的效果。
</p></td></tr>
    <tr><td>
  <a href="#"><img src="pos1.gif" class="pos1">文字链接</a>
  </td></tr>
    <tr><td>
  <p id="textback">整个页面的背景使用样式表添加了一张背景图，而且这个背景图不随页面内容的
滚动，始终位于页面正中。 </p><p> </p>
  </td></tr>
  </table>
  <p><img src="pos2.gif" width="62" height="73" class="pos2"></p>
</body>
</html>
```

(2) 在 Google Chrome 浏览器中浏览该网页，运行效果如图 2.11 所示。

图 2.11　CSS 属性的应用效果图

2.3　【案例 3】使用 DIV+CSS 布局网页

➢ **案例陈述**

本案例利用 DIV 和 CSS 技术构建网页模板，对页面进行布局，将页面划分为不同的区域后，使用 DIV 元素描述各个区域，用 CSS 进行外观控制，并将【案例 2】中制作的导航栏加入网页。效果如图 2.12 所示。

图 2.12　网页结构运行效果图

➢ **案例实施**

(1) 规划网站，对页面进行布局规划，页面整体为上、中、下布局，中部又划分为左、中、右结构，中部的每一块区域再次划分为上、下结构，设计布局如图 2.13 所示。

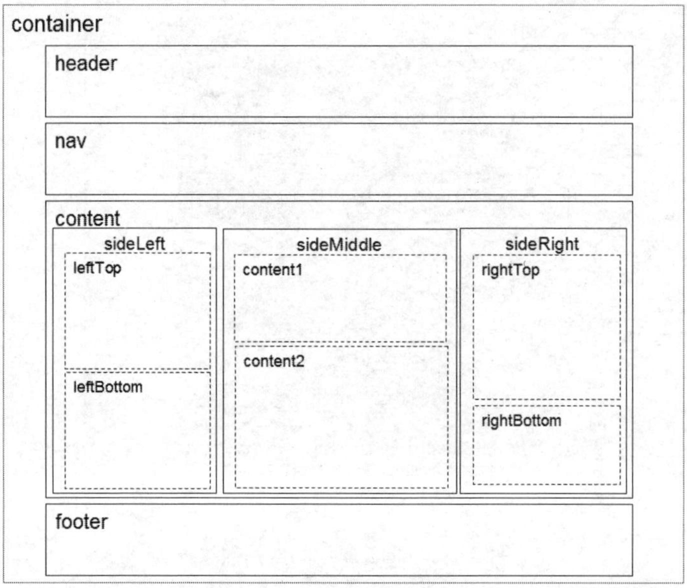

图 2.13　网页布局规划图

其中，网页基本布局主要由以下几个部分构成。

① header：横幅(banner)图片 images/top_bk.jpg，大小为 1 000 px×150 px。

② nav：【案例 2】制作的导航栏。

③ content：网站的主要内容。

a．sideLeft：边框，一些附加信息，如注册登录块、树形菜单等。

b．sideMiddle：边框，一些附加信息，如公告栏、轮显图片等。

c．sideRight：边框，一些附加信息，如滚动字幕、快递链接等。

④ footer：网站底栏，包含版权信息等。

(2) 启动 Dreamweaver，新建网页"Case3-dl.html"。创建网页的整体框架，即建立一个宽 1 000 px 的区域，用于包含网站的所有元素，文档结构如图 2.14 所示。在<body>…</body>中写入以下代码：

```
<body>
<div class="container">
  <div class="header">
      <h1>网页头部</h1>
  </div>
  <div style="width:1000px; height:5px; background-color:red;margin:0 auto;"><!--
红线隔栏--></div>
  <div id="nav">
    <h1>导航栏</h1>
  </div>
  <div class="content">
    <div class="sideLeft">
```

```
      <div class="leftTop">
         <h1>左侧导航上</h1>
         <h1>左侧导航上</h1>
         </div>
      <div class="leftBottom">
         <h1>左侧导航下</h1>
         <h1>左侧导航下</h1>
       </div>
    </div>
    <div class="sideMiddle">
       <div class="content1">
         <h1>网页正文 1</h1>
         <h1>网页正文 1</h1>
        </div>
       <div class="content2">
         <h1>网页正文 2</h1>
         <h1>网页正文 2</h1>
        </div>
     </div>
     <div class="sideRight">
       <div class="rightTop">
         <h1>右侧导航上</h1>
         <h1>右侧导航上</h1>
         </div>
         <div class="rightBottom">
         <h1>右侧导航下</h1>
         <h1>右侧导航下</h1>
         </div>
      </div>
   </div>
      <div class="footer">
         <h1>网页底部</h1>
      </div>
  </div>
  </body>
```

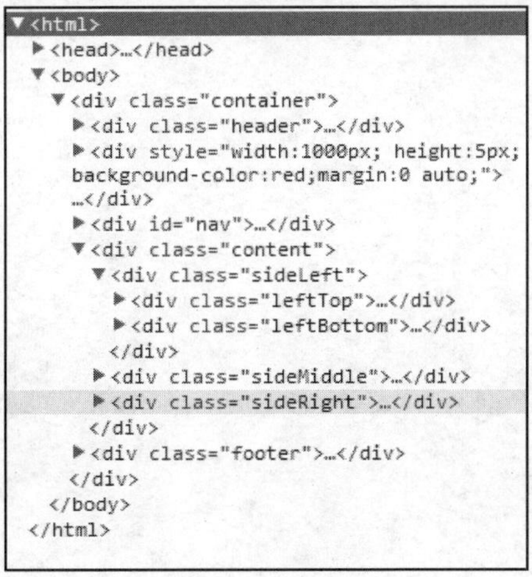

图 2.14　文档结构图

（3）新建 CSS 样式表文件 "case3-buju.css"，保存在站点 css 文件夹下，代码如下：

```css
body{
font-size:14px;
background:#CCC;
margin:0;/*消除 body 的空白*/
padding:0;
text-align:center;
}
*{
margin:0;
padding:0;
}
a{
color:#000;
text-decoration:none;
}
a:hover{
color:#00F;
text-decoration:none;
}
.container {
width: 1000px;
margin:0 auto;/*侧边的自动值与宽度结合使用，可以将布局居中对齐*/
text-align:left;
background-color: #00F;
}
.header {
padding:10px 0;
background:#9cF;
}
/*#nav {
padding:10px 0;
background: #CFF;
}*/
.sideLeft {
float:left;
background-color:#990066;
width:300px;
}
.sideRight {
float:right;
background-color:#FF0;
width:250px;
}
.sideMiddle{
float:left;
width: 430px;
background-color:#96C;
margin:5px 5px;
}
.leftTop{
```

```
width:100%;
background-color:#909;
padding:10px 0;
}
.leftBottom{
width:100%;
background-color:#F09;
padding:10px 0;
}
.content1{
width:100%;
background-color:#9FC;
padding:10px 0;
}
.content2{
width:100%;
background-color:#096;
padding:10px 0;
}
.rightTop{
width:100%;
background-color:#F36;
padding:10px 0;
}
.rightBottom{
width:100%;
background-color:#F93;
padding:10px 0;
}
.footer {
clear:both;/*清除前后的浮动元素，使页脚显示在最下方*/
position:relative;
padding:10px 0;
background-color:#F99;
text-align:center;
}
```

(4) 将样式表文件"case3-buju.css"链入到网页文件"Case3-dl.html"中，代码如下：

```
<html>
<head>
<meta charset="gb2312">
<meta name="viewport" content="width=device-width,initial-scale=1">
<title>案例 3 使用 DIV+CSS 布局页面</title>
<link href="css/case3-buju.css" rel="stylesheet" type="text/css">
</head>
<body>
...//此处省略的是第 2 步中的代码
</body>
</html>
```

(5) 在 Google Chrome 浏览器中浏览该网页,使用 DIV 和 CSS 布局好的页面效果如图 2.15
所示。

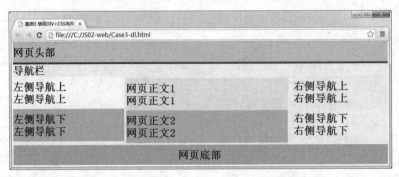

图 2.15　使用 DIV 和 CSS 布局好的页面效果图

(6) 完善网页模板。将"Case3-dl.html"另存为"Case3.html",在网页头部 header 层处添
加 banner 图片 images/top_bk.jpg,导航栏处添加【案例 2】制作的导航栏(包括链入菜单所需的
样式文件和<script>代码),在网页底部 footer 层处添加作者信息。完整的代码如下所示:

```
<html>
<head>
<meta charset="gb2312">
<meta name="viewport" content="width=device-width,initial-scale=1">
<title>案例 3 使用 DIV+CSS 布局页面(模板)</title>
<link href="css/case3-buju.css" rel="stylesheet" type="text/css">
<link href="css/case2-caidan.css" rel="stylesheet" type="text/css">
<script>
function makeMenu(){
var items= document.getElementById("nav").getElementsByTagName("li");
for (var i=0;i<items.length;i++){
    items[i].onmouseover=function(){
this.className="mouseover";
    }
    items[i].onmouseout=function(){
this.className="";}
}
}
function myMain(){
makeMenu();
}
</script>
</head>
<body onLoad="myMain()">
<div class="container">
  <div class="header">
      <img src="images/top_bk.jpg" width="1000" height="173"  alt=""/><!--此
处替换成 banner 图片-->
  </div>
  </div>
  <div style="width:1000px; height:5px; background-color:red;margin:0 auto;">
<!--红线隔栏--></div>
```

```html
<!--以下为案例2中导航栏列表-->
  <div id="nav">
    <ul id="menu1">
    <li><a href="#">首页</a></li>
    <li><a href="#">课程介绍</a>
        <ul>
        <li><a href="#">课程性质</a></li>
        <li><a href="#">课程标准</a></li>
        <li><a href="#">考核方式</a></li>
        </ul>
    </li>
    <li><a href="#">课程学习</a>
        <ul>
        <li><a href="#">理论知识</a></li>
        <li><a href="#">脚本调试</a></li>
        </ul>
    </li>
    <li><a href="#">教务管理</a>
        <ul>
        <li><a href="#">成绩登入</a></li>
        <li><a href="#">学生选课</a></li>
        </ul>
    </li>
    <li><a href="#">在线测试</a></li>
    </ul>
</div><!--nav end-->
  <div class="content">
    <div class="sideLeft">
        <h1>左侧导航</h1>
        <h1>左侧导航</h1>
    </div>
    <div class="sideMiddle">
      <div class="content1">
        <h1>网页正文1</h1>
        <h1>网页正文1</h1>
      </div>
      <div class="content2">
        <h1>网页正文2</h1>
        <h1>网页正文2</h1>
      </div>
    </div>
    <div class="sideRight">
      <div class="rightTop">
        <h1>右侧导航上</h1>
        <h1>右侧导航上</h1>
      </div>
      <div class="rightBottom">
        <h1>右侧导航下</h1>
        <h1>右侧导航下</h1>
      </div>
    </div>
  </div>
```

```
        <div class="footer"><!--将网页底部改成作者信息-->
            版权所有 Copyright&copy;2013<a href="http://www.jssvc.edu.cn">苏州市职业
大学</a>Designed By Xumin<br>
            建议使用 Google Chrome 浏览 <br>
        </div><!--footer 结束-->
    </div>
    </body>
    </html>
```

➤ 知识准备

知识点 1: DIV+CSS 概述

DIV+CSS 是网站标准(或称"Web 标准")中常用术语之一,DIV+CSS 是一种网页的布局方法,这一种网页布局方法有别于传统的 HTML 网页设计语言中的表格(table)定位方式,可实现网页页面内容与表现相分离,使用<DIV>标记和 CSS 对样式进行控制,方便地实现各种页面效果。

<DIV>(division)是一个区块容器标记,即<DIV></DIV>标签之间相当于一个容器,可以标签容纳段落、标题、表格、图片、章节、摘要和备注等各种 HTML 元素。可以将<DIV></DIV>中的内容视为一个独立的对象,用于 CSS 控制,声明时只需要对<DIV>标签进行相应的控制,其中的各标记元素都会因此而改变。

【实例 2-7】DIV 标记的应用。

本实例通过 CSS 对<div>块进行控制,制作一个宽 400 像素,高 100 像素的黄色区块,并设置相应的文字效果。

(1) 在"记事本"的工作区域中输入 HTML 标识符,将以下代码文件保存为"sl2-7.html"。

```
<html>
<head>
<title>实例 2-7 DIV 标记的应用</title>
</head>
<style>
<!--
div{
font-size:18px;
font-weight:bold;
color:#ff0000;
font-family:宋体;
background-color:#ffff00;
text-align:center;
width:400px;
height:100px;
}
-->
</style>
<body>
<div>这是一个 DIV 标记</div>
</body>
</html>
```

(2) 在 Google Chrome 浏览器中浏览该网页，运行效果如图 2.16 所示。

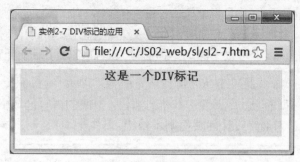

图 2.16　DIV 标记应用的效果图

<style>标签下面的 CSS 语句是以注释语句的形式书写的，也就是上面代码中的"<!--…-->"符号包含的部分，采用注释标签可以避免不支持 CSS 的浏览器将 CSS 内容作为网页正文显示在页面上。

知识点 2：常用的网页布局结构

在设计网页时，网页布局首先要解决的问题是将网页划分为不同的区域，每个区域有不同的逻辑功能，这样会使网页各部分的功能组织得有条理，充分体现网页的设计风格，表达且突出呈现要向用户展示的信息内容。

1）单行单列布局

单行单列布局可以用带单位的数字值设置为固定宽度，也可以用占父元素(浏览器窗口)宽度的百分比(%)设置为自适应宽度。固定宽度布局页面内容宽度不随浏览器窗口大小变化，若浏览器窗口宽度小于页面内容时，自动增加滚动条。自适应宽度布局页面内容宽度随浏览器窗口宽度变化而自动改变，是一种非常灵活的布局形式，若浏览器窗口宽度较小时页面内容会被压缩得很窄。

单行单列布局页面内容一般在浏览器居中显示：

```
margin:0 auto;
```

单行单列布局可以指定页面内容的固定宽度，也可以不指定，以页面内容自适应高度。例如：

```
#div1 {
width: 260px; /*设置div的宽度*/
height: 260px;
margin:30px 50px;
padding: 50px 15px;
border: 10px solid #990000;
}
```

如果将上述代码中的宽度由固定值 width:260px 改为百分比值 width:75%，即可实现单列宽度自适应布局。

2）多列式布局

多列式布局与单列布局类似，只不过需要多个 DIV 标签和多个 CSS 样式。利用 position 定位属性或 float 浮动属性来实现多列式固定或自适应布局。

使用定位布局时，一般让子元素绝对定位(不占空间)、父元素相对定位(不失去空间)但不设偏移量，以保证子元素依据父元素定位。

使用浮动布局时，多列子元素应同时浮动，父元素(空元素)可以同时浮动自适应子元素高度，但必须考虑后续元素，也可以不浮动，但必须设置高度防止后续元素上移。

【实例 2-8】DIV+CSS 布局页面的应用。

本实例主要实现网页的上、中、下基本布局结构，中间的内容区域中又主要分为左右两个子区域。如图 2.17 所示为最终设计的页面基本结构。

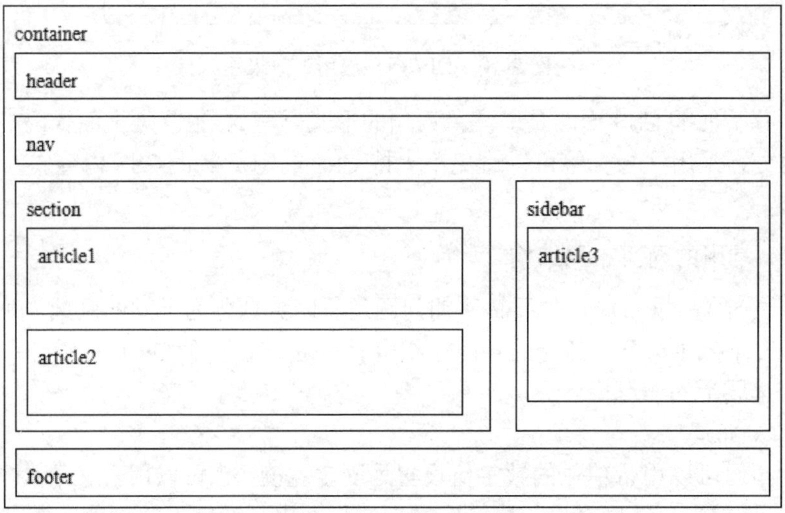

图 2.17　DIV+CSS 标记应用的效果图

(1) 在"记事本"的工作区域中输入 HTML 标识符，将以下代码文件保存为"sl2-8.html"。

```
<html>
<head>
<meta charset="gb2312">
<title>实例 2-8 DIV+CSS 布局页面应用</title>
<style type="text/css">
body{
background:#FFF;
margin:0;/*消除 body 的空白*/
padding:0;
text-align:center;
}
.container {
width: 1000px;
background:#CFF;
margin:0 auto;/*侧边的自动值与宽度结合使用，可以将布局居中对齐*/
text-align:left;
}
.header {
padding:10px 0;
background:#F9F;
}
.nav{
```

```
padding:10px 0;
background:#9FF;
}
.section{
float:left;
background-color:#F9F;
width:700px;
}
.sidebar{
float:right;
background-color:#FF9;
width:300px;
}
.sidebar .article {
width: 100%;
background-color:#CCF;
}
.article {
width: 100%;
background-color:#FC9;
}
.footer {
clear:both;/*清除前后的浮动元素，使页脚显示在最下方*/
position:relative;
padding:10px 0;
background-color:#FCF;
}
</style>
</head>
<body>
<div class="container">
  <div class="header">
     <h1>header</h1>
  </div>
  <div class="nav">
     <h1>nav</h1>
  </div>
  <div class="section">
  <h1>section</h1>
     <div class="article">
        <h3>article1</h3>
        <h3>article1</h3>
     </div>
        <div class="article">
        <h3>article2</h3>
        <h3>article2</h3>
     </div>
   </div>
     <div class="sidebar">
      <h1>sidebar</h1>
       <div class="article">
        <h3>article3</h3>
```

```
        <h3>article3</h3>
        <h3>article3</h3>
        <h3>article3</h3>
        </div>
      </div>
    <div class="footer">
      <h1>footer</h1>
    </div>
</div>
</body>
</html>
```

(2) 在 Google Chrome 浏览器中浏览该网页，运行效果如图 2.18 所示。

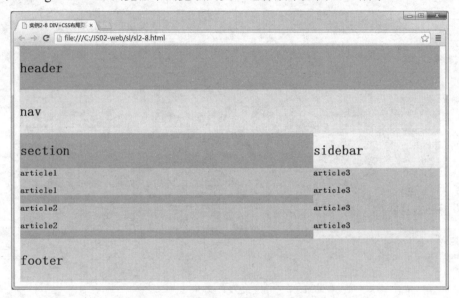

图 2.18　DIV+CSS 布局页面的最终效果图

2.4　本　章　小　结

　　本章节主要介绍 HTML 文档的基本结构、文字修饰、段落、列表、图像、超链接、表单等各种基本标记的使用；介绍了 CSS 样式表的语法规则、使用方式和 CSS 基本属性；结合DIV 和 CSS 技术布局常见网页结构。通过本章的学习，读者可以运用 DIV+CSS 布局网页结构，使用 HTML 标识语言编写网页，采用 CSS 美化网页。

2.5　习　　题

1. 选择题

(1) 定义 HTML 文件主体部分的标记对是(　　)。
　　A．<title>…</title>　　　　　　　　B．<body>…</body>
　　C．<head>…</head>　　　　　　　　D．<html>…</html>

(2) (　　)标记表示网页中一个段落的开始。

A．
　　　　　B．<hr>　　　　　C．<p>　　　　　D．<b>

(3) 当浏览器不支持图像时，图像<img>标记的(　　)值可以替代图像。

A．align 属性　　B．height 属性　　C．alt 属性　　D．border 属性

(4) 在文本属性面板上，颜色设置通常是以(　　)来表示颜色值，但也可用英文单词表示。

A．八进制数　　B．十六进制数　　C．十进制数　　D．二进制数

(5) 在以下的 HTML 中，哪个是正确引用外部样式表的方法？(　　)

A．<style src="mystyle.css">

B．<link rel="stylesheet" type="text/css" href="mystyle.css">

C．<stylesheet>mystyle.css</stylesheet>

D．<style class="mystyle.css">

(6) 下列哪个选项的 CSS 语法是正确的？(　　)

A．body:color=black　　　　　　　B．{body:color=black(body}

C．body {color: black}　　　　　　D．{body;color:black}

(7) 如何为所有的<h1>元素添加背景颜色？(　　)

A．h1.all {background-color:#FFFFFF}

B．h1 {background-color:#FFFFFF}

C．all.h1 {background-color:#FFFFFF}

D．all,h1 {background-color:#FFFFFF}

(8) 不同的选择符定义相同的元素时，优先级别的关系是(　　)。

A．类选择符最高，id 选择符其次，HTML 标记选择符最低

B．类选择符最高，HTML 标记选择符其次，id 选择符最低

C．id 选择符最高，HTML 标记选择符其次，类选择符最低

D．id 选择符最高，类选择符其次，HTML 标记选择符最低

(9) 如何显示这样一个边框：顶边框 10 像素、底边框 5 像素、左边框 20 像素、右边框 1 像素(　　)。

A．border-width:10px 1px 5px 20px　　B．border-width:10px 20px 5px 1px

C．border-width:5px 20px 10px 1px　　D．border-width:10px 5px 20px 1px

(10) 如何改变元素的左边距？(　　)

A．text-indent　　B．margin-left　　C．margin　　D．indent

2．填空题

(1) 超级链接标记<a>的 target 属性值为＿＿＿＿＿＿，其可以使浏览器在新的窗口中打开链接。

(2) <font-size>标记用来改变网页中＿＿＿＿＿＿。

(3) 网页标题会显示在浏览器的标题栏中，则网页标题应该写在标记符＿＿＿＿＿＿之间。

(4) 要设置一条 1 像素粗的水平线，应该使用的 HTML 语句是＿＿＿＿＿＿。

(5) CSS 常见选择符有 3 种：标签选择符、＿＿＿＿＿＿、＿＿＿＿＿＿。

(6) 对一条 CSS 定义进行单一选择符的复合样式声明时，不同的属性应该用＿＿＿＿＿＿来分隔。

(7) HTML 中＿＿＿＿＿＿标签用于定义内部样式表。

3．判断题

(1) <font>的 face 属性用于设置文本的字体大小。 （　）

(2) 所有的 HTML 标记符都包括开始标记符和结束标记符。 （　）

(3) 用 H1 标记符修饰的文字通常比用 H6 标记符修饰的文字要小。 （　）

(4) 如需定义元素内容与边框间的空间，可使用 padding 属性，并可使用负值。 （　）

(5) CSS 的选择符可以是 HTML 的任意标签，也可以自定义。 （　）

(6) CSS 语句必须包含在注释标签"<!--…-->"中。 （　）

(7) 定义盒模型外边距的时候，可以使用负值。 （　）

(8) 引用外部文件的语句书写为<link href="相对路径/目标文档或资源 URL"type="目标文件类型"rel="stylesheet">。 （　）

(9) 在创建列表时，li 标记符的结束标记符不可省略。 （　）

4．操作题

(1) 使用"记事本"编写 HTML 网页，标题文字设置为 h1，两水平线之间由表格定位实现，分别单击图片能超链接到相应网站，文字"欢迎来到本网页"实现的是交替的滚动条效果。网页效果如图 2.19 所示。

图 2.19　HTML 网页效果图

(2) 使用 CSS+UL 编写如图 2.20 所示的下拉菜单(包括二级下拉菜单)，样式自定义。

图 2.20　二级下拉菜单效果图

(3) 使用 DIV+CSS 编写如图 2.21 所示的网页布局，布局水平居中。

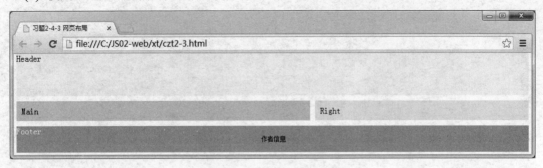

图 2.21　网页布局效果图

第 3 章　JavaScript 基本语法

JavaScript 是一种解释性的语言，在主流的浏览器中得到广泛的应用，作为程序不可缺少的一部分，对 JavaScript 的变量、表达式、运算符、控制语句、函数等基本语法的掌握对后期编程至关重要。

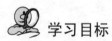 学习目标

知识目标	技能目标	建议课时
(1) 掌握在网页中嵌入 JavaScript 程序的方法 (2) 熟悉 JavaScript 的注释 (3) 掌握 JavaScript 数据类型、变量、运算符、表达式的定义和使用 (4) 掌握 JavaScript 控制语句的结构和使用方法 (5) 掌握 JavaScript 函数的定义和调用	(1) 能熟练使用 JavaScript 常用的几种编写工具 (2) 能够独立在网页中添加 JavaScript 程序代码并调试 (3) 能够熟练使用 JavaScript 的数据类型、变量和语句等基本语法知识编写简单 JavaScript 特效 (4) 能熟练掌握函数的创建和使用	6 学时

3.1　【案例 4】页面加载时网站功能说明

➤ **案例陈述**

本案例主要实现在页面加载时出现 JavaScript 提醒文字"本网站主要提供网页常见特效，涉及 JavaScript 知识和实现技巧可参详本书相关章节，希望能在网站设计中给予帮助!"，并将【案例 1】的用户登录界面(网页"Case1-1.html")合成到模板的 leftTop 部分。效果如图 3.1 所示。

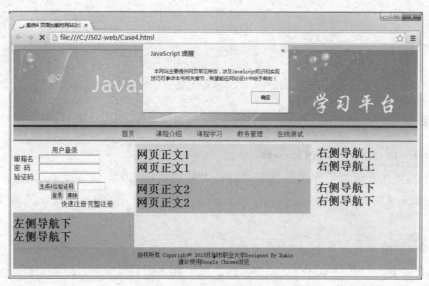

图 3.1　网站功能说明效果图

➤ **案例实施**

(1) 将网页"Case3.html"另存为网页"Case4.html"，在文件"Case4.html"代码的 leftTop 部分添加【案例 1】中制作好的用户登录界面，即把网页"Case1-1.html"中<body>…</ body > 之间代码复制到<div class="leftTop">…</div>中。代码如下所示：

```
<div class="leftTop">
<form>
<table border="0" align="center">
…//此处省略案例 1 中的用户登录界面代码
</table>
</form>
</div>
```

(2) 在网页"Case4.html"主页的代码视图中修改如下代码：

```
<html>
<head>
<meta charset="gb2312">
<meta name="viewport"
content="width=device-width,initial-scale=1">
```

```
<title>案例 4 页面加载时网站功能说明</title>
<link href="css/case3-buju.css" rel="stylesheet" type="text/css">
<link href="css/case2-caidan.css" rel="stylesheet" type="text/css">
<script>
function makeMenu(){
… //此处省略下拉菜单中的函数代码
}
function myMain(){
makeMenu();
window.alert("本网站主要提供网页常见特效，涉及 JavaScript 知识和实现技巧可参详本书相关
章节，希望能在网站设计中给予帮助！");
}
</script>
</head>
<body onLoad="myMain()">
</body>
</html>
```

➢ 知识准备

知识点 1：编写 JavaScript 的工具

编写 JavaScript 脚本程序的工具有多种，主要包括记事本、FrontPage、Dreamweaver、JavaScript Editor 和 TextPad 等。无论使用什么程序，都需用扩展名.html、.css 或.js 来保存纯文本文件。

【实例 3-1】编写第一个 JavaScript 程序。

(1) 在"记事本"或 Dreamweaver 的工作区域中输入 HTML 标识符和 JavaScript 代码，将其保存为"sl3-1.html"。具体代码如下：

```
<html>
<head>
<title>实例 3-1 编写第一个 JavaScript 程序</title>
</head>
<body>
<script language="JavaScript">
document.write("这是用记事本编写的 JavaScript 程序");
</script>
</body>
</html>
```

(2) 在 Google Chrome 浏览器中浏览该网页，运行效果如图 3.2 所示。

图 3.2 用"记事本"编写的 JavaScript 程序页面图

知识点 2：在网页中添加 JavaScript 脚本

JavaScript 脚本在 HTML 文件中的位置有以下 4 种。

(1) 在 HTML 的\<body\>标记中的任何位置。如果所编写的 JavaScript 程序用于输出网页的内容，应该将 JavaScript 程序置于 HTML 文件中需要显示该内容的位置。

(2) 在 HTML 的\<head\>标记中。如果所编写的 JavaScript 程序需要在某一个 HTML 文件中多次使用，可在 HTML 的\<head\>标记中编写 JavaScript 函数(function)，并在\<body\>标记中调用该函数名。例如：

```html
<html>
<head>
<script>
function show(){
window.alert("使用函数实现的脚本程序");
}
</script>
</head>
<body onload="show()">
</body>
</html>
```

(3) 在一个.js 的单独的文件中。如果所编写的 JavaScript 程序需要在多个 HTML 文件中使用，或者所编写的 JavaScript 程序内容很长，此时可将这段 JavaScript 程序置于单独的.js 文件中，然后在所需要的 HTML 文件中通过\<script src="*.js"\>标记包含该.js 文件。

(4) 将程序代码作为某个元素的事件属性值，或超链接的 href 属性值。例如：

```html
<a  href="JavaScript:alert(new Date()) ; " >添加脚本</a>
```

知识点 3：在脚本中添加注释

注释有助于解释某程序以何种方式解决问题，也有助于别的用户重用或修改脚本。JavaScript 不会将插入的注释解释为脚本命令。/* */可用于比较长的多行注释，//可用于单行注释。HTML 注释符号是以 "\<!--" 开始以 "--\>" 结束的。如果在此注释符号内编写 JavaScript 脚本，对于不支持 JavaScript 的浏览器，将会把编写的 JavaScript 脚本作为注释处理。在脚本中添加注释是一种很好的做法。

【实例 3-2】使用外部脚本编写 JavaScript 程序。

(1) 在 "记事本" 工作区域中输入以下 JavaScript 代码，将其保存为 "sl3-2.js"。

```javascript
document.write("Hello,这是我用外部脚本编写的程序");
```

(2) 编写网页文件，保存为 "sl3-2.html"。代码如下：

```html
<html>
<head>
<title>实例 3-2 使用外部脚本编写 JavaScript 程序</title>
</head>
<body>
```

```
<script src="sl3-2.js">
</script>
<a href="JavaScript:window.alert('hi');">超链接</a>  //将程序代码作为元素属性值
</body>
</html>
```

(3) 在 Google Chrome 浏览器中浏览该网页，运行结果如图 3.3 所示。

图 3.3　使用外部脚本编写的 JavaScript 程序页面图

知识点 4：调试 JavaScript 程序

程序的出错类型分为语法错误和逻辑错误两种。

1) 语法错误

语法错误是在程序开发中使用不符合某种语言规则的语句从而产生的错误。例如，错误地使用了 JavaScript 的关键字，错误地定义了变量名称等。

2) 逻辑错误

有些时候，程序中不存在语法错误，也没有执行非法操作的语句，可是程序运行的结果却是不正确的，这种错误叫做逻辑错误。逻辑错误对于编译器来说并不算错误，但是由于代码中存在逻辑问题，导致运行结果没有得到期望的结果。逻辑错误在语法上是不存在错误的，但是从程序的功能上看是 Bug。它是最难调试和发现的 Bug，因为它不会抛出任何错误信息的提示，唯一能看到的就是程序的功能(或部分功能)没有实现。

3.2　【案例 5】成绩输入系统

➤ **案例陈述**

本案例主要实现"教务管理—成绩登入"超链接页面，在本页面中可以根据消息提示框的提示依次输入所有学生的各科成绩，输入结果以表格形式显示，并且能计算出每个学生的总分、平均分和相应等级(0～59 分为不及格，60～69 分为及格，70～79 分为中等，80～89 分为良好，90～100 分为优秀)。效果如图 3.4 所示。如果输入的成绩小于 0 或大于 100 或非数值，均提示"您输入的数值为**，不合法，请重新输入"，如图 3.5 所示，并要求重新输入，直至输入的成绩为合法数值。

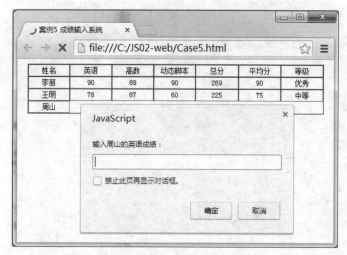

图 3.4　成绩输入系统页面图

图 3.5　输入出错提示框

➢ 案例实施

在 Dreamweaver 的代码视图中输入以下代码，将网页保存为 "Case5.html"。

```html
<html>
<head>
<meta charset="gb2312">
<title>案例 5 成绩输入系统</title>
<style type="text/css">
<!--
td {
width: 100px;
font-size: 12px;
height: 20px;
text-align: center;
}
-->
</style>
</head>
<body>
<script>
window.alert("友情提示：请输入的成绩为数值，否则会停留在出错处！");
var i=0;sum=0;avg=0;
var name1=new Array("李丽","王明","周山");
var km=new Array("英语","高数","动态脚本");
document.write("<table width=\"500px\" border=\"1\" cellpadding=\"0\""+" cellspacing=
\"0\" align=\"center\"><tr><td>姓名</td>");
  for(n in km)
  {
      document.write("<td>"+km[n]+"</td>");
  }
document.write("<td>总分</td><td>平均分</td><td>等级</td></tr>");
```

```
for(n in name1)
{
    document.write("<tr><td>"+name1[n]+"</td>");
while(i<km.length)
{
ts="输入"+name1[n]+"的"+km[i]+"成绩: ";
var record=parseFloat(prompt(ts,""));
if (isNaN(record)||(record<0)||(record>100))
        {
 alert("您输入的数值为"+record+", 不合法, 请重新输入");
        continue;
}
document.write("<td>"+record+"</td>");
i++;
sum=sum+record;
}
document.write("<td>"+sum+"</td>");
avg=Math.round(sum/km.length);
document.write("<td>"+avg+"</td>");
if (avg<60)
 document.write("<td>不合格</td>");
else if (avg>=60&&avg<70)
 document.write("<td>及格</td>");
 else if (avg>=70&&avg<80)
 document.write("<td>中等</td>");
 else if (avg>=80&&avg<90)
 document.write("<td>良好</td>");
  else if (avg>=90&&avg<100)
 document.write("<td>优秀</td>");
document.write("</tr>");
i=0;
sum=0;
}
document.write("</table>");
</script>
</body>
</html>
```

代码首先利用 alert( )函数弹出"友情提示"对话框, 定义姓名和课程名两个数组, 使用 for…in 循环语句实现对数组的遍历, 并逐行输出成绩。在输入成绩过程中使用 continue 语句来控制成绩必须输入正确格式。定义全局变量 sum、avg, 使用条件语句判断平均值所属的等级。

➢ **知识准备**

知识点 1: 数据类型

数据类型是一个值的集合以及定义在这个值集上的一组操作。JavaScript 支持 4 种基本数据类型。

1) 数值型

在 JavaScript 中，所有数字都用浮点型表示，不区分整型和浮点型。JavaScript 采用 IEEE754 标准定义的 64 位浮点格式表示数字，它能表示的最大值是 $\pm 1.7976931348623157 \times 10^{308}$，最小值是 $\pm 5 \times 10^{-324}$。如 453、7.52、1.72e5 等。

2) 字符串型

字符串型是用单引号或双引号引起来的一个或多个字符、数字和标点符号的序列。如 "hello word"、'JavaScript123'、"你好，编程！"。

3) 布尔型

布尔型只有两个值：真(True)和假(False)。代表一种状态或标志，用来作为判断依据控制操作流程。通常，非 0 值表示"真"，0 值表示"假"。

4) 特殊数据类型

(1) 空值用关键字 null 表示，用于定义空的或不存在的引用，但 null 不等同于空字符串或 0。如果试图引用一个没有定义的变量，则返回一个 null 值。

(2) 未定义类型用关键字 undefined 表示，当使用一个没有被赋值的变量或使用一个不存在对象的属性时，JavaScript 会返回 undefined。

(3) 非数字 NaN 是一种特殊类型的数字常量，当程序由于某种原因计算错误后，将产生一个没有意义的数字，JavaScript 会返回 NaN。

(4) 转义字符，也被称为控制字符，是以反斜杠开头的、不可显示的特殊字符。通过转义字符可以在字符串中添加不可显示的特殊字符，或者避免引号匹配混乱。如 "\n" 表示回车换行，"\'" 表示单引号，"\"" 表示双引号，"\\" 表示反斜杠等。

知识点 2：常量

固定不变的量称为常量。使用常量一方面可以提高代码的可读性，另一方面可以使代码易于维护。比如一段代码中，经常用到字符串"hello"，可以作如下声明：

```
const myConst="hello";
```

声明后，常量 myConst 可以代替字符串"hello"，一方面防止反复输入时出现输入错误；另一方面当想改变字符串值时，只要改变常量声明处的值即可。

这里有一点需要注意，const 不支持 IE 浏览器显示，因此当编辑 IE 浏览器浏览的网页时需要慎用常量。

知识点 3：变量

值可以变化的量称为变量，变量是一个已命名的容器，变量名代表其存储空间。

1) 变量命名规则

选择变量名称时，尽量选择友好易读、有具体意义的名称，可以增强程序的可读性。变量命名必须遵守如下规则。

(1) 变量名可以是数字、字母、下划线或符号$，第一个字符必须是字母、下划线或符号$。

(2) 变量名不能包含空格和加号、减号等符号。

(3) 变量名严格区分大小写，如 myString 与 mystring 代表两个不同的变量。

(4) 变量名不能使用 JavaScript 中的关键字，JavaScript 中的关键字见表 3-1。

表 3-1　JavaScript 关键字

abstract	continue	finally	instanceof	private	this
boolean	default	float	int	public	throw
break	do	for	interface	return	typeof
byte	double	function	long	short	true
case	else	goto	native	static	var
catch	extends	implements	new	super	void
char	false	import	null	switch	while
class	final	in	package	synchronized	with

2) 变量声明和赋值

在 JavaScript 中，变量由关键字 var 声明，JavaScript 是一种对数据类型要求不太严格的语言，所以在变量声明时不必声明变量类型。语法如下：

```
var record ;
```

在声明变量时可以对变量进行赋值：

```
var record = 86;
```

也可以同时声明多个变量，并同时给多个变量赋值，如：

```
var record, total;
var i=1; j=0;
```

在 JavaScript 中，变量声明不是必须的，第一次给变量赋值时，就已经声明该变量，但声明变量有助于及时发现代码中的错误，因此在使用变量之前先进行声明是一种好的习惯。

3) 类型转换

JavaScript 是一种无类型语言，为数据类型的转换提供了灵活的处理方式，如果某个类型的值需要用于其他类型的值的环境中，JavaScript 就自动将这个值转换成所需要的类型。这种转换方式被称为隐式转换。如声明一个变量 record，并给它赋值为 86，表示 record 是一个数值类型的变量：

```
record=86;
```

现在改变 record 的值，如：

```
record="良好";
```

这个语句将字符串"良好"赋值给变量 record，record 转换为字符串型变量。

隐式转换在大多数情况下可以随时处理数据类型之间的转换，但有些情况是不行的，如：

```
average=record / 5 ;
```

当 record 值是一个字符串时，该语句就会发生错误。为了避免类似错误的发生，JavaScript 还提供了显式转换方法，主要有以下两种。

(1) 将字符串转换为数值。JavaScript 提供 parseInt( )和 parseFloat( )两个内置函数将表示数值的字符串转换为合法的数值。这两个函数返回被转换字符串开头的所有数字，并忽略其后所有非数字后缀。parseInt( )将一个字符串转换为整数值，parseFloat( )将一个字符串转换为浮点小数值。对于以 0x 和 0X 开头的字符串，parseInt( )将它解释为十六进制数，如果指定的字符串以非数字开头，则无法实现转换，返回 NaN，如：

```
parseInt("5xyz");              //5
parseInt("0xA3");              //163
parseFloat("5.21abc");         //5.21
parseFloat("s14.32");          //NaN
```

(2) 将数值转换为字符串。当遇到的表达式中含有混合数据类型时，JavaScript 会倾向于字符串，但为了防止潜在的问题发生，最好先转换。把一个数值转换成字符串，可以把它连接到一个空串上，如：

```
record=8;
total=record+record+" "+record+record; //total 得到字符串"16 88"
document.write(total);
```

4) 变量的作用域

JavaScript 中变量的作用域分为全局变量和局部变量。对于用关键字 var 声明的变量，在函数内定义的称为局部变量，在函数外定义的称为全局变量；不用 var 声明的变量无论在函数内还是函数外都默认是全局变量。

全局变量的作用域是整个脚本(整个 HTML 文档)，在脚本的任何地方都可以使用全局变量。局部变量的作用域在定义的函数内，只能被其下面的语句块和子函数使用，如下面的例子：

```
var msg1= "This is message 1 ";
function myFunction() {
   msg2= "This is message 2 ";
   var msg3= "This is message 3 ";
   document.write(msg1);        //函数内可以访问外部全局变量
   document.write(msg2);        //msg2 不使用关键字定义，也是全局变量
   document.write(msg3);
}
myFunction();
document.write(msg1);
document.write(msg2);
document.write(msg3);          //msg3 是局部变量，函数外部不可以访问，结果为空
```

知识点 4：表达式和运算符

表达式是变量、值和运算符按一定的规则连接起来的、有意义的式子。运算符是表达式的主要组成部分，有算术运算符、关系运算符和逻辑运算符。

表 3-2 列出了 JavaScript 中常用的算术运算符，表 3-3 列出了常用的关系运算符，表 3-4 列出了常用的逻辑运算符(假设变量 x 的值为 12，y 的值为 5)。

表 3-2　JavaScript 常用算术运算符

运算符	描　述	例　子	结　果
+	加	x=x+y	x=17
+	字符串连接	msg="This is"+"message"	msg="This is message"
−	减	x=x−y	x=7

续表

运算符	描 述	例 子	结 果
*	乘	x=x*y	x=60
/	除	x=x/y	x=2.4
%	求余数(保留整数)	x=x%y	x=2
++	累加	x++	x=13
−−	递减	x−−	x=11

表 3-3　JavaScript 常用关系运算符

运算符	描 述	例 子	结 果
==	等于	x==y	false
!=	不等于	x!=y	true
<	小于	x<y	false
<=	小于等于	x<=y	false
>	大于	x>y	true
>=	大于等于	x>=y	true

表 3-4　JavaScript 常用逻辑运算符

运算符	描 述	例 子	结 果
||	或(只要有一个条件真，即为真)	x<5||y<9	true
&&	与(两个条件都为真，才为真)	x<5&&y<9	false
!	非(取反)	!x	false

算术运算符在使用时总是按照一定的顺序来计算，表 3-2 中运算符是按优先级从低到高排列的，"+/−"优先级最低，"++/−−"优先级最高。如果按照优先级计算顺序不能得到预期的结果，可以用括号"( )"来改变优先级。

当表达式中不止一类运算符时，先处理算术运算符，再处理关系运算符，最后处理逻辑运算符。

【**实例 3-3**】数据类型的应用。

(1) 利用编辑器编辑如下代码，并将文件保存为"sl3-3.html"。

```html
<html>
<head>
<title>实例 3-3 数据类型应用</title>
</head>
<body>
<script>
var x="这是一个字符串";                          //声明变量
var y=76;
var z=6;
var r;
var a="321abc";
```

```
var b="3.21abc";
var c="abc123";
document.write("变量 x 的初始值为："+x+"<br/>");     //显示变量初始值
document.write("变量 y 的初始值为："+y+"<br/>");
document.write("变量 z 的初始值为："+z+"<br/>");
document.write("变量 r 的初始值为："+r+"<br/>");
x=y;                                             //改变变量的值
document.write("<br/>");
document.write("y 变量赋值给 x 变量后，x 的值为："+x+"<br/>");
document.write("y 变量赋值给 x 变量后，y 的值为："+y+"<br/>");
r=x%z;                                           //计算表达式
document.write("<br/>");
document.write("计算表达式 x%z 的值为："+r+"<br/>");
r=x/z+x-2/3
document.write("计算表达式 x/z+x-2/3 的值为："+r+"<br/>");
document.write("<br/>");
document.write("数据类型的隐式转换：<br/>");        //数据类型隐式转换
y="y 变为一个字符串";
document.write("变量 y 被重新赋值后值为："+y+"<br/>");
document.write("<br/>");
document.write("数据类型的显式转换：<br/>");        //数据类型显式转换
document.write("利用 parseInt()将字符串变量 a 转换为数值变量"+parseInt(a)+"<br/>");
document.write("利用 parseFloat()将字符串变量 b 转换为数值变量"+parseFloat(b)+"<br/>");
document.write("利用 parseInt()将字符串变量 c 转换为数值变量"+parseInt(c)+"<br/>");
</script>
</body>
</html>
```

(2) 在 Google Chrome 浏览器中浏览该网页，运行结果如图 3.6 所示。

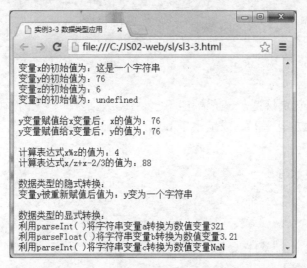

图 3.6　数据类型应用效果图

其中，JavaScript 代码由以下 5 部分组成。

① 声明 x、y、z、r、a、b、c 这 7 个变量，并给除 r 外的其他变量赋初值。

② 在网页中显示 x、y、z、r 变量的初始值，因为 r 变量未赋初值，所以显示值为 undefined。

③ 计算并显示表达式 x%z 和 x/z+x-2/3 的值。

④ 将一个字符串常量赋值给初始值为数值的变量 y，y 自动转换为字符串变量，这是 JavaScript 的隐式转换。

⑤ 利用 parseInt( )和 parseFloat( )将字符串变量显式转换为数值，对于首字符非数字的字符串 c，转换后结果为非数值 NaN。

知识点 5：条件语句的使用

条件控制语句就是对语句中不同条件的值进行判断，进而根据不同的条件执行不同的语句。条件控制语句主要有两类：一类是 if 语句及该语句的各种嵌套；另一类是 switch 多分支语句。

1) if 语句

if 语句是 JavaScript 的主要条件语句，一般形式为：

```
if(条件表达式) {
    语句块;
}
```

该语句的意义是：如果条件表达式结果为真，则执行 if 控制的语句块；否则，执行"}"之后的语句。如果语句块只有一条语句，则可以省略大括号"{}"。上例可以利用 if 语句实现如下：

```
if(record>=60) window.alert("成绩合格，发放证书！");
```

如果条件表达式结果为假的时候也需要进行指定动作，则可以通过关键字 else 实现，形式为：

```
if(条件表达式) {
    语句块;
}
else {
    语句块;
}
```

和前面一样，如果语句块只包含一条语句，可以省略大括号"{}"。例如成绩大于等于 60 分时显示提示信息"发放证书！"；成绩小于 60 分时，显示提示信息"不能发放证书！"。代码如下：

```
if(record>=60)
    window.alert("发放证书！");
else
    window.alert("不能发放证书！");
```

JavaScript 提供了一种条件表达式的简写形式，结构如下：

```
(条件表达式) ? (语句1) : (语句2) ;
```

该语句的意义是：如果条件成立，执行语句 1；否则，执行语句 2。如前面一个例子可以简写成：

```
(record>=60) ? window.alert("发放证书！") : window.alert("不能发放证书！");
```

一个 if 语句只能进行一个条件判断，包含两个分支，而在实际应用中条件通常不止一个，遇到此类情况时可以通过 if 语句的嵌套来实现。例如成绩大于等于 90 分时，发放优秀证书；成绩在 60 分到 90 分之间时，发放合格证书；成绩小于 60 分时，不发放证书，具体代码如下：

```
if (record>=90) window.alert("发放优秀证书！");
else if(record>=60) window.alert("发放合格证书！");
else  window.alert("不能发放证书！");
```

2) switch 语句

前面提到多条件判断时，可以用 if 语句嵌套的方式实现，但是如果条件太多，并且每个条件包含多个语句时，这种形式的脚本可读性很差，甚至可能出现混乱。JavaScript 提供的另一种条件语句——switch 语句可以解决这个问题。其结构如下：

```
switch(表达式) {
    case 值 1:
        语句块 1;
        break;
    case 值 2:
        语句块 2;
        break;
    …
    case 值 n:
        语句块 n;
        break;
    default:
        语句块 n+1
}
```

switch 后面的表达式通常是变量，语句使用中需要注意以下 3 点。

(1) 表达式值依次与 case 后面的值做比较，如果与某个值相匹配，那么其后的语句块就会被执行，若所有的值都不匹配，就执行 default 后面的语句块。

(2) case 本身不能改变代码流程，需要和 break 联用。break 用于结束当前 case 语句，并跳至 switch 末尾。break 不是必须有的，如果没有 break，会继续执行当前 case 后的所有 case 语句，无论是否匹配。

(3) case 后面必须是常量表达式，并且每个 case 后面表达式的值必须互不相同。

【实例 3-4】条件语句的应用。

实例要求根据对话框输入的成绩得到不同的提示框，如果输入的不是数值，提示"输入的不是数值，请重新输入！"；成绩在 0～59 分之间提示"成绩不合格！"；成绩在 60～69 分之间提示"成绩合格！"；成绩在 70～79 分之间提示"成绩中等！"；成绩在 80～89 分之间提示"成绩优良！"；成绩在 90～100 分之间提示"成绩优秀！"；输入成绩不在以上范围的提示"输入成绩无效，请重新输入！"。

(1) 利用编辑器编辑如下代码，并将文件保存为"sl3-4.html"。

```
<html>
<head>
<meta charset="gb2312">
<title>实例 3-4 条件语句使用</title>
</head>
```

```
<body>
<script>
var record=prompt("输入考生成绩","");
if(isNaN(record))
{
    alert("输入的不是数值，请重新输入！");
}
else
{
    record=Math.floor(parseFloat(record/10));
switch(record)
{
case 0:
case 1:
case 2:
case 3:
case 4:
case 5:alert("成绩不合格！");break;
case 6:alert("成绩合格！");break;
case 7:alert("成绩中等！");break;
case 8:alert("成绩优良！");break;
case 9:
case 10:alert("成绩优秀！"); break;
default:alert("输入成绩无效，请重新输入！"); break;
}
}
</script>
</body>
</html>
```

代码首先利用 prompt( )函数弹出消息对话框，将输入值赋值给变量 record。利用 isNaN( )
函数判断输入值是否为非数值。考虑到 switch 语句中 case 后必须是具体的值，而实例要求的
是不同区间，因此通过将输入值除以 10 结果取整的方法进行转换，根据转换后的值设置不同
的提示框内容。

(2) 在 Google Chrome 浏览器中浏览该网页，运行效果如图 3.7 所示。

图 3.7　条件语句实例效果图

知识点 6：循环语句的使用

循环语句是指在满足条件的情况下反复执行某一个操作，主要包括 while、do…while、for、
for…in 语句。

1) while 语句

当需要重复执行某些语句的时候，可使用循环语句。while 语句可以实现循环，语句结构如下：

```
while(条件表达式){
    循环体
}
```

while 语句包含 4 个重要组成部分。

(1) 循环变量。

(2) 条件表达式。

(3) 循环体。

(4) 改变循环变量值的语句。

循环变量是控制循环结构的关键，它需要有一个初始值；条件表达式是包含循环变量的一个逻辑表达式，只有条件为真时才执行循环体，否则跳出循环执行大括号后的语句；循环体是需要反复执行的语句；为了保证循环能够实现，在循环体语句中，必须包含一条改变循环变量值的语句，当执行完一次循环体后，重新判断新的循环变量值是否符合条件。

例如，下面一段代码实现了 1+2+3+…+100 的求和操作：

```
i=1;                        //给循环变量 i 赋初值
while(i<=100){              //条件表达式
    total=total+i;          //重复加上 i 的值
    i++;                    //循环变量 i 的值加 1
}
```

首先给循环变量 i 赋初值 1，然后判断 i<=100 是否成立，符合条件执行循环体，将变量 total 的值加上 i，i 的值加 1 得到下一个加数(改变循环变量的值)，循环体结束，再次判断 i 的值是否满足条件，若满足则再次进入循环体执行，直到 i>100 的时候，跳出循环。

2) do…while 语句

do…while 循环是循环语句的另一种形式，与 while 循环的不同在于前者条件表达式在循环末尾，后者在循环开头。do…while 语句结构如下：

```
do {
    循环体
}
while(条件表达式);
```

因为条件表达式在循环末尾，因此，不管条件表达式是否成立，循环体语句至少会执行一次。

3) for 语句

for 语句是 JavaScript 提供的第三种循环形式，for 语句结构如下：

```
for(表达式 1; 表达式 2; 表达式 3) {
    循环体
}
```

其中 3 个表达式的作用如下。

(1) 表达式 1 为循环变量赋初值。

(2) 表达式 2 给出循环条件判断。

(3) 表达式 3 用来改变循环变量的值。

如前面 1+2+…+100 的求和实例利用 for 语句实现如下：

```
for(i=1; i<=100; i++){
    sum=sum+i;
}
```

执行过程如下所示。

(1) 给循环变量 i 赋初值 1。

(2) 执行循环条件判断表达式 i<=100，若满足条件，执行循环体 sum=sum+i。

(3) 执行改变循环变量表达式 i++。

(4) 转回步骤(2)重复执行，直到条件 i<=100 不满足时，跳出循环，执行花括号 "}" 下面的语句。

4) for…in 语句

for…in 语句通常用来遍历对象的每一个属性或数组的每一个元素。例如：

```
for (i in obj) {
    document.write(i+"值为: "+obj[i]+"<br>");
}
```

如果 obj 是一个对象，则循环变量 i 表示 obj 对象的每一个属性，obj[i]表示该属性的值；如果 obj 是一个数组，则循环变量 i 表示序号，obj[i]表示第 i 个数组元素。

【实例 3-5】循环语句的应用。

实例要求动态地在页面中生成一个隔行换色的 HTML 表格。

(1) 利用编辑器编辑如下代码，并将文件保存为 "sl3-5.html"。

```
<html>
<head>
<meta charset="gb2312">
<title>实例 3-5 循环语句使用</title>
</head>
<body>
<script>
var rows=6;
var cols=8;
document.write("<caption>动态生成表格</caption>");
document.write("<table width='100%' border='1'>");
for (var row=0;row<rows;row++){
if (row%2==0){
document.write("<tr bgcolor='#cccccc'>");
}
else {
document.write("<tr>");
}
for (var col=0;col<cols;col++){
   document.write("<td>"+col+"</td>");
}
document.write("</tr>");
```

```
}
document.write("</table>");
</script>
</body>
</html>
```

(2) 在 Google Chrome 浏览器中浏览该网页，运行效果如图 3.8 所示。

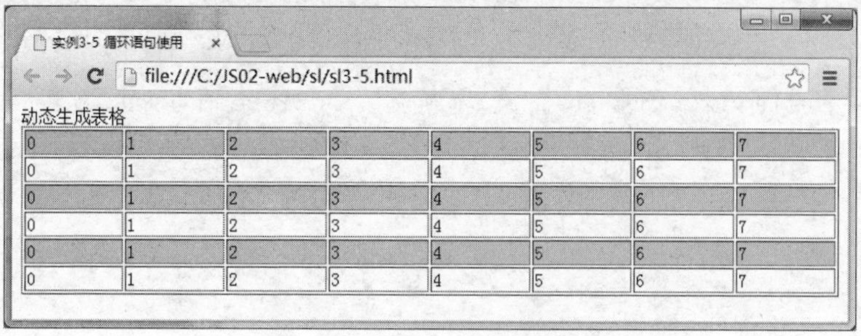

图 3.8　循环语句实例效果图

知识点 7：跳转语句的使用

跳转语句是指在循环控制语句的循环体中的指定位置或满足一定条件的情况下直接退出循环，分为 break 语句和 continue 语句。

无穷循环可能会导致浏览器无法退出甚至无法响应用户的操作，而且 JavaScript 不会生成错误信息提示无穷循环，因此，在创建循环时，应尽量避免出现无穷循环。

尽管无穷循环在编程中不被提倡,跳转语句可以避免产生程序无穷循环,但也有特殊情况。例如，可能希望程序一直运行，直到响应用户某个操作时停止，这就需要用 break 语句强制退出循环，基本结构如下：

```
while (true){
    循环体;
    if (条件表达式)  break|continue;
}
```

循环条件始终为真，循环无限执行；当满足 if 语句的条件表达式时，执行 break 语句，跳出循环，break 后的循环体语句不再执行。

1) break 语句

break 语句可以使程序立即跳出循环。该语句有两种形式：有标号的和无标号的。多数情况下，break 语句是单独使用的，但有时也可以在其后面加一个语句标号，以表明跳出该标号所指定的循环，并执行该循环之后的代码。例如：

```
<script>
for( i=1;i<10;i++ ){
    if(i>5){
        break;                //如果 i>5 就会立即跳出循环
    }
    document.write(i+",");  //输出 i 的值
}
```

运行结果如下：

```
1,2,3,4,5,
```

2) continue 语句

continue 语句可以跳过当前循环的剩余语句。如果是在 while 或 for 循环语句中应用，则需要先判断循环条件，如果循环的条件不符合，就跳出循环。例如：

```
for(i=1;i<8;i++) {          //应用 for 循环语句，判断如果 i 小于 8，则执行 i++
    if(i==2||i==4||i==5)
        continue;
  //应用 if 语句判断如果 i 的值等于 2、4、5 则应用 continue 语句跳过该循环
    document.write(i);   //输出 i 的值
}
```

运行结果如下：

```
1367
```

【实例 3-6】跳转语句的应用。

实例要求通过循环语句和跳转语句输出 i 的值，要求 i 的平方小于给定值 n 的最大整数。

(1) 利用编辑器编辑如下代码，并将文件保存为 "sl3-6.html"。

```
<html>
<head>
<meta charset="gb2312">
<title>实例 3-6 跳转语句的使用</title>
</head>
<body>
<script>
var number=0;                      //定义一个变量
var n=135;                         //定义变量
for(var i=0;i<n;++i){              //应用 for 循环语句
document.write(i+".");            //输出 i 的值
    if(i*i<=n){                   //判断如果 i*i 的值小于 n
number=i;                         //则将 i 的值保存到 number 中
        continue;                 //跳出本次循环
    }
document.write("<br>测试完成!");   //输出测试完成
break;                            //跳出循环
}
document.write("<br>获取到的 i 的平方小于 n 的最大整数是:");
document.write(number);
</script>
</body>
</html>
```

首先设置变量 number=0，n=135；然后应用 for 循环语句输出 i 的值；接着判断如果 i*i 的值小于 n，则将 i 的值保存到变量 number 中，并且应用 continue 语句跳出本次循环；最后输出 "测试完成!"，跳出循环。

(2) 在 Google Chrome 浏览器中浏览该网页，运行效果如图 3.9 所示。

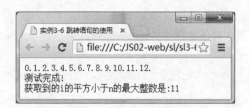

图 3.9　跳转语句实例效果图

知识点 8：异常处理语句的使用

异常处理语句是指处理在程序中产生的某些异常情况或错误所使用的语句，包括 throw 语句和 try…catch…finally 语句。

1) throw 语句

throw 语句的作用是创建 exception(异常)。通常与 try…catch 语句配合使用，用来控制程序流程并产生精确的错误消息。语句结构如下：

```
throw (exception)；  // exception 可以是字符串、整数、逻辑值或者对象
```

2) try…catch…finally 语句

try…catch…finally 语句为异常处理语句，为程序出现意外和异常时提供解决方法。语法结构如下：

```
try
{
    语句块；
}
catch(exception)
{
    语句块；
}
finally
{
    语句块；
}
```

3 个关键字的作用列举如下。

(1) try 语句块：定义异常，将可能产生错误的语句定义在 try 中。异常可以是人为引发的(如代码输入错误)，也可以是通过 throw 语句抛出的。

(2) catch 语句块：定义异常处理，将异常处理语句放在 catch 中，该语句块是可选项。

(3) finally 语句块：可以省略，无论是否发生异常都会执行，通常将关闭资源的语句放在 finally 中，以确保程序能在处理完异常后自动再次投入运行，该语句块也是可选项。

异常处理语句执行的流程是：运行到 try 块时，如果有异常抛出，则转到 catch 块；catch 块执行完毕后，执行 finally 块的代码；如果没有异常抛出，执行完 try 块，也要去执行 finally 块的代码。

【实例 3-7】异常处理语句的应用。

实例要求在消息提示框中输入一个值，如果输入的值在 0~100 之间，不抛出错误信息，提示"输入的成绩为**"；如果输入的值小于 0，抛出错误信息，提示"成绩不能为负数！"；

如果输入的值大于 100，抛出错误信息，提示"成绩不能大于 100！"；如果输入的不是数值，抛出错误信息，提示"输入的不是数值！"。无论输入值是什么，给出相应提示后再提示"成绩输入完毕！"。

(1) 利用编辑器编辑如下代码，并将文件保存为"sl3-7.html"。

```
<html>
<head>
<meta charset="gb2312">
<title>实例 3-7 异常处理语句使用</title>
</head>
<body>
<script>
var x=prompt("输入考生成绩:","");
try
{
    if(x<0)
    {
        throw "err1";
    }
    else if(x>100)
    {
        throw "err2";
    }
    else if(isNaN(x))
    {
        throw "err3";
    }
    alert("输入的成绩为"+x);
}
catch(er) {
    if(er=="err1")
        alert("成绩不能为负数！");
    if(er=="err2")
        alert("成绩不能大于 100！");
    if(er=="err3")
        alert("输入的不是数值！");
}
finally
{
    alert("成绩输入完毕！")
}
</script>
</body>
</html>
```

try 语句块用来捕获异常，根据不同的错误条件，利用 throw 语句抛出异常。catch 语句块根据异常值的不同给出不同的提示。要求无论输入值是什么，都要给出提示"成绩输入完毕！"，利用 finally 语句实现。

(2) 在 Google Chrome 浏览器中浏览该网页，运行效果如图 3.10 所示。

若输入的值为"ff"，单击【确定】按钮后，弹出"输入的不是数值！"提示框，所图 3.11

所示；再次单击【确定】按钮后，弹出"成绩输入完毕！"提示框，如图 3.12 所示。

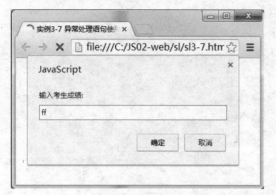

图 3.10　异常处理语句案例运行初始效果图

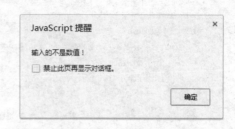

图 3.11　catch 语句实现的效果图

图 3.12　finally 语句实现的效果图

知识点 9：函数的使用

1）函数的定义

在 JavaScript 的实际应用中，通常需要较长的脚本来实现具体功能，如果将所有脚本都直接放在<script></script>标签中，会导致程序的可读性下降。解决这个问题的一个好办法，就是把整个脚本分割成具有相对独立功能的几段脚本。把相关的脚本组织在一起，并给它们取相应的名称，这种组合形式称为函数。

使用函数前，必须先定义。在 HTML 中，当网页被加载时，<head>标签首先被执行，因此函数通常被定义在<head>部分，以保证在使用前已经被定义。函数的定义方法如下：

```
function 函数名([参数列表]){
    函数体;
}
```

function 是函数定义的关键字，函数名的命名规则与变量命名规则相同，函数名后面的括号用来定义参数，多个参数间用逗号","分隔，实现功能的脚本被定义在花括号"{ }"中。

JavaScript 中所有函数都属于 function 对象，因此可以以定义变量的方式，利用 function 对象的构造函数来定义函数，语法如下：

```
var 变量名=new function([参数列表]，函数体);
```

当函数需要返回某一个具体值的时候，要在语句块中使用 return 语句。return 语句可以出现在语句块的任何地方，当函数执行到 return 语句时，即返回 return 后面的值，然后结束函数。例如下面两个函数定义，第一个函数的功能是弹出提示信息，不返回任何值，因此不包含 return

语句；第二个函数计算输入值的总和，并利用 return 语句返回。

```
function welcome(){
    alert("欢迎使用成绩登录系统！");
}
function record_sum(){
    var total=0;
    while(true){
      record=parseInt(window.prompt("请输入成绩: ", ""));
      total=total+record;
      if(record==0) break;
    }
    return total;
}
```

定义函数只是做好准备工作，要使函数发挥作用，必须对其进行调用。对于没有返回值的函数，直接使用函数名调用即可；对于有返回值的函数，需要声明一个变量接收其返回值。如调用以上两个函数的语句如下：

```
welcome();
var total=record_sum();
```

2) 函数的参数

参数是函数中的重要内容，利用参数，可以使函数对数据的处理更加灵活。函数定义时，参数列表被定义在函数名后的圆括号内。一个函数可以没有参数，也可以有多个参数，多个参数定义时用逗号","隔开。

函数调用时，通过参数传递数据。参数传递时要注意以下 3 点。

(1) 传递的参数类型必须和函数中需要的数据类型相符。

(2) 传递的参数个数必须和函数定义时一致，同样用逗号隔开。

(3) 函数中对形参(定义函数时的参数)的改变不会影响到实参(调用时传递给函数的参数)的值。

3) JavaScript 中的内置函数

内置函数是 JavaScript 为用户提供的已定义的函数，这些函数可以实现不同的功能，需要使用时直接在脚本中调用即可。如 3.2 节知识点 3 中提到的转换函数 parseInt( )和 parseFloat( )就属于内置函数。除此之外，JavaScript 还提供了大量的内置函数，其中包括数学函数、字符串函数、日期函数等。如 isNaN(num)函数主要用于检验某个值是否为非数字；eval(expr)函数主要用于对表达式求值并返回该值。

【实例 3-8】JavaScript 函数的使用。

实例要求实现一个四则运算计算器。分别输入两个数值，单击加减乘除按钮能在"计算结果"框内显示结果；在"输入表达式"框中，能在"表达式结果"框中显示表达式的值。

(1) 利用编辑器编辑如下代码，并将文件保存为"sl3-8.html"。

```
<html>
<head>
<meta charset="gb2312">
<title>实例 3-8 计算器</title>
<script>
```

```
function cal(op){
var num1=parseFloat(document.form1.txtnum1.value);
var num2=parseFloat(document.form1.txtnum2.value);
if (op=="+")
document.form1.txtresult.value=num1+num2;
if (op=="-")
    document.form1.txtresult.value=num1-num2;
if (op=="×")
    document.form1.txtresult.value=num1*num2;
if (op=="÷"&&num2!=0)
    document.form1.txtresult.value=num1/num2;
if (op=="=")
document.form1.expresult.value=eval(document.form1.exp.value);
}
</script>
</head>
<body>
<form id="form1" name="form1" method="post">
  <p>四则运算计算器</p>
  <p>
  <label for="txtnum1">第一个数</label>
  <input type="text" name="txtnum1" id="textnum1" size="20">
  </p>
  <p>
  <label for="txtnum2">第二个数</label>
  <input type="text" name="txtnum2" id="textnum2" size="20">
  </p>
  <p>
    <input type="button" name="addbutton1" id="addbutton1" value="+" onclick="cal('+')">
    <input type="button" name="subbutton2" id="subbutton2" value="-" onclick="cal('-')">
    <input type="button" name="mulbutton3" id="mulbutton3" value="×" onclick="cal('×')">
    <input type="button" name="divbutton4" id="divbutton4" value="÷" onclick="cal('÷')">
  </p>
  <p>
    <label for="txtresult">计算结果 </label>
    <input type="text" name="txtresult" id="textresult" size="20">
  </p>
  <p>输入表达式
    <input type="text" name="exp" id="exp" size="20">
    <input type="button" name="divbutton" id="divbutton" value="=" onClick="cal('=')">
  </p>
  <p>表达式结果
    <input type="text" name="expresult" id="expresult" size="20">
  </p>
</form>
</body>
</html>
```

可以为加减乘除 4 个按钮写 4 个不同的无参函数实现这 4 种运算。为了方便起见，也可以写一个有参函数，将需要进行的运算作为参数，根据需要进行不同的运算。

(2) 在 Google Chrome 浏览器中浏览该网页，运行效果如图 3.13 所示。

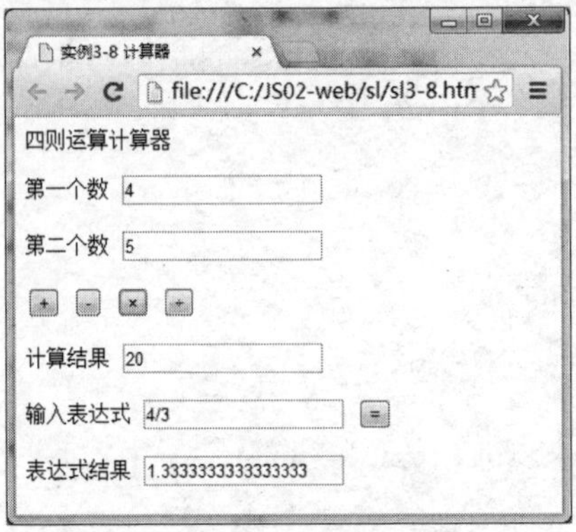

图 3.13　计算器效果图

3.3　本　章　小　结

本章节主要介绍 JavaScript 的几种常用编写工具，如何在网页中添加 JavaScript 程序和注释并实现调试，重点介绍了 JavaScript 的基本语法，包括数据类型、变量的定义和赋值、表达式和运算符、条件语句、循环语句、跳转语句和函数的使用。通过本章的学习，读者可以使用各种控制语句编写和调试 JavaScript 脚本程序。

3.4　习　　　题

1．选择题

(1) 以下变量名，哪个符合命名规则？(　　)

　　A．with　　　　　　B．_abc　　　　　C．a&bc　　　　　D．1abc

(2) 编辑 JavaScript 程序时，(　　)。

　　A．只能使用记事本　　　　　　　　B．只能使用 FrontPage 编辑软件

　　C．可以使用任何一种文本编辑器　　D．只能使用 Dreamweaver 编辑工具

(3) JavaScript 脚本程序文件的扩展名是(　　)。

　　A．java　　　　　　B．script　　　　　C．js　　　　　　D．prg

(4) 在以下选项中，不属于基本数据类型的是(　　)。

　　A．数值类型　　　B．逻辑类型　　　C．对象类型　　　D．字符串类型

(5) 对于不支持 JavaScript 程序的浏览器，使用下面哪种标记会把编写的 JavaScript 脚本作为注释处理？(　　)

　　A．<!--　-->标记　　　　　　　　B．' 标记

　　C．// 标记　　　　　　　　　　　D．/* */标记

(6) 已知下面代码：

```
var horse;
```

变量 horse 的类型是(　　)。

　　A．对象类型　　　　　　　　　　　B．Undefined 类型

C．数字类型　　　　　　　　D．逻辑类型

(7) 在 JavaScript 中，有关函数的说法错误的是(　　)。

A．函数是独立主程序，具有特定功能的一段代码块

B．函数的命名规则和变量名相同

C．函数必须使用 return 语句

D．调用函数时直接用函数名，并给形参赋值

(8) 要输出字符串"abc+def"，合法的 JavaScript 语句是(　　)。

A．document.write(abc+def);　　　　B．document.write("abc+def");

C．document.write('abc+def');　　　　D．document.write("abc"+"def");

(9) 在 JavaScript 语言中，关系运算符的作用是(　　)。

A．执行数学运算　　　　　　B．处理计算机数

C．比较两个值或表达式　　　D．以上选项均错

(10) 在以下选项中，可用于分支结构和循环结构的语句是(　　)。

A．break　　　　　　　　　　B．continue

C．break 与 continue　　　　　D．以上选项均错

(11) 在以下选项中，正确的说法是(　　)。

A．switch 语句中的 default 部分可以不要

B．switch 语句中的 case 部分必须有 break

C．switch 语句中的 case 部分必须有 continue

D．以上选项均错

(12) 语句 for(i=1;j<=10;i=i+3)for(j=2;j<6;j++){…}的循环次数是(　　)。

A．16　　　　　B．18　　　　　C．14　　　　　D．12

(13) 在 JavaScript 语言中，要定义局部变量则可以(　　)。

A．由关键字 private 在函数内定义　　B．由关键字 private 在函数外定义

C．由关键字 var 在函数内定义　　　　D．由关键字 var 在函数外定义

2．填空题

(1) 在 JavaScript 中，声明变量用关键字_____；声明常量用关键字_____。

(2) 在 JavaScript 中，有_____种循环形式，分别是_____。

(3) 表达式"123"+456 的计算结果是_____。

(4) 在 JavaScript 语言中，do…while 循环次数_____。

(5) 在 JavaScript 语言中，只能用于循环控制中的语句是_____。

(6) 循环程序由 4 部分组成：循环初始化、循环控制、_____、循环修改。

(7) 在 JavaScript 语言中，函数定义时可以使用_____个参数。

(8) 定义注释可以使用两种办法：单行注释"//文本"和多行注释_____。

(9) 程序出错类型分为_____和_____两种。

(10) 在 JavaScript 语言中，赋值运算符的作用是_____。

3．判断题

(1) 在调用外部的 JavaScript 文件时，<script src="a.js"></script>这种写法是正确的。

(　　)

(2) 如果将 JavaScript 脚本存储在单独的文件中，那么在 IE 浏览器中，选择【查看】|【源文件】菜单命令，查看源文件时会显示 JavaScript 程序源代码。 （ ）

(3) 在 JavaScript 中，变量使用前必须先定义。 （ ）

(4) break 和 continue 都用来改变控制循环，区别是 break 结束本次循环，continue 退出循环。 （ ）

(5) 异常处理语句中，无论是否发生异常，finally 语句都将被执行。 （ ）

(6) JavaScript 脚本不区分字母大小写。 （ ）

(7) 在 JavaScript 语言中，表达式 567-123 的计算结果是 444。 （ ）

(8) 在 JavaScript 语言中，浮点类型常量可以使用两种表示法：自然计数法和科学计数法。
（ ）

4．操作题

(1) 使用外部脚本编写 JavaScript 程序：利用 window.alert 和转义字符弹出如图 3.14 所示的确认框。

图 3.14　操作题 1 运行效果图

(2) 某市出租车 3 公里的起租价为 10 元，3 公里以外，按 1.8 元/公里计费。现编程输入行车里程数，输出应付车费。

(3) 使用循环语句编写如图 3.15 所示的九九乘法表。

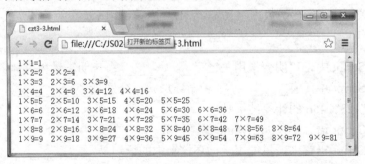

图 3.15　九九乘法表

(4) 定义被除数和除数两个变量并赋值，判断：如果两数为非数值，抛出异常，异常描述为"请重新输入数值"；除数为零，抛出异常，异常描述为"被除数不可以为 0"；没有异常时，页面显示两数相除的结果。

第4章 JavaScript 内置对象

JavaScript 中的对象是一种基本又重要的数据类型，是一个无序的属性集合，每一个属性都有名字和值，这些存储的值可以是数字、字符串等基本数据类型，也可以是对象。在 JavaScript 编程中，常常需要使用语言所定义的内置对象实现特定功能。

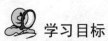 学习目标

知识目标	技能目标	建议课时
(1) 理解 JavaScript 对象的概念和分类 (2) 掌握 JavaScript 常用内置对象的创建和使用 (3) 掌握 JavaScript 中 Date 对象、Array 对象、String 对象和 Math 对象的属性和方法	(1) 能熟练使用 JavaScript 自定义对象 (2) 能够熟练使用 Date 对象、Array 对象、String 对象和 Math 对象的属性和方法编写常见的动态效果	6 学时

4.1 【案例6】时钟效果演示

➢ **案例陈述**

本案例综合运用日期(Date)对象的方法在页面中显示当前日期和星期,根据当前时间的不同时间段,分别给出不同的提示,并计算停留在网页的时间。效果如图 4.1 所示。(本案例效果将会在后续章节【案例13】中的右上导航处呈现。)

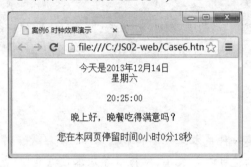

图 4.1 时钟效果图

➢ **案例实施**

在 Dreamweaver 的代码视图中输入以下代码,将网页保存为"Case6.html"。

```
<html>
<head>
<meta charset="gb2312">
<title>案例 6 时钟效果演示</title>
<script>
function time(){
var  now=new Date();
var hour=now.getHours();
var minutes=now.getMinutes();
var second=now.getSeconds();
if (minutes<10)
minutes="0"+minutes;
if (second<10)
second="0"+second;
a1.innerHTML=hr+":"+minutes+":"+second;
//innerHTML 属性设置或返回表格行的开始和结束标签之间的 HTML
    setTimeout("time()",1000);
}
function myMain(){
 time();
}
</script>
</head>
<body onload="myMain()">
<script>
```

```
var today=new Date();
var day=new Array("日","一","二","三","四","五","六");
var day0=today.getDay();//返回 0-6 可作为数组 day 下标值
var date1 = "今天是"+(today.getFullYear())+"年"+(today.getMonth()+1)+"月
"+today.getDate()+"日<br>星期"+day[day0];
document.write("<center>");
document.write(date1+"<br>");
document.write("<p id='a1'>您在本网页停留时间</p>");
var hr=today.getHours();
if(hr>=23||(hr>=0&&hr<6)){
    document.write("午夜时分，赶快休息吧！");
}
if(hr>=6&&hr<12){
    document.write("上午好，祝有愉快的一天！");
}
if(hr>=12&&hr<14){
    document.write("午饭时间，要填饱肚子！");
}
if(hr>=14&&hr<18){
    document.write("下午好,保持住工作的热情！");
}
if(hr>=18&&hr<23){
    document.write("晚上好，晚餐吃得满意吗？");
}
document.write("<p id='a2'></p>");
var second = 0;
var minute = 0;
var hour = 0;
window.setInterval("OnlineStayTime();", 1000);
function OnlineStayTime() {
second++;                  //秒数加 1
if (second == 60) {        //若满 1 分钟
second = 0;                //秒数恢复到 0
minute++;                  //分钟加 1
}
if (minute == 60) {
minute = 0;
hour++;
}
a2.innerHTML= "您在本网页停留时间" + hour + "小时" + minute + "分" + second+ "秒" ;
}
document.write("</center>");
</script>
</body>
</html>
```

代码使用 Date 对象的方法获取当前日期的指定部分，根据获得的小时数来分区段显示提示语，利用 setTimeout 和 setInterval 实现动态计时，并通过 innerHTML 属性输出时间并显示在 HTML 页面上。

➢ **知识准备**

知识点 1：JavaScript 对象概述

1) 创建和删除对象

对象是一种复合数据类型，可以将许多数据集中于一个单元中。对象通过属性获取数据集内的数据，也可以通过方法实现数据的某些功能。在生活中存在着各种各样的对象，许多同"类别"的对象可以被归入一个"类"。例如，卡车、轿车、公交车都可归入汽车"类"。它们拥有共同的状态(颜色、轮胎数等)和行为(鸣号、开灯等)，但某一辆特定汽车会存在其独有的状态和方法。因此，把某一辆汽车称为汽车"类"中的一个"实例"。

创建对象的语法如下：

```
var 对象名= new 构造函数 ();
```

表示以 new 运算符调用构造函数来创建一个对象。当构造函数不需要传递参数时，小括号可省略。

JavaScript 用无用存储单元收集程序，因此不必专门销毁对象来释放内存。当对象没有被引用时，该对象就自动被废除了。运行无用存储单元收集程序时，所有废除的对象都会被销毁。每当函数执行完它的代码后，无用存储单元收集程序就会运行，释放所有的局部变量；在不可预知的情况下，无用存储单元收集程序也会运行。

把对象的所有引用都设置为 null，可以强制性地废除对象，例如：

```
var obj=new Object ();
obj=null;
```

在将变量 obj 设置为 null 后，对第一个创建的对象的引用就不再存在了，这意味着下次运行无用存储单元收集程序时，该对象将被销毁。

每用完一个对象后，即时将其废除，可释放内存，同时能确保不再使用已经不能访问的对象，从而有效防止程序设计错误的出现。

2) 对象的属性和方法

JavaScript 中对象是由属性和方法两个基本元素构成的，每个属性或方法都对应着一个属性值或参数值。JavaScript 中定义对象属性和属性值的语法如下：

```
{
    属性名 1：属性值,
    属性名 2：属性值,
    ...
    属性名 n：属性值,
}
```

(1) 访问属性和方法。无论是函数还是变量，作为对象的属性都可以通过"."号进行访问，如果对象的属性仍然是一个对象，那么可以通过重复使用"."号进行连续访问，例如：

```
window.document.body
//表示对象 window 的 document 属性 (对象) 的 body 属性
```

"."号可以理解成"……的……属性"，在上面的代码段中，"."号被用在了不同的级别中。从左到右，每个"."号都表示一个新的对象级别，级别越多表示引用的对象越多，但应尽量少地进行多级别连续引用，以防止由引用链中某个对象为空而导致的程序错误。

除了大部分面向对象语言中通用的 "." 属性访问方式外，JavaScript 还允许使用中括号(内含双引号) "[""]" 访问对象的属性和方法，例如：

```
window["document"]["body"]
//同样表示对象 window 的 document 属性(对象)的 body 属性
```

(2) 添加、重定义属性和方法。JavaScript 中对象的操作很灵活，在 JavaScript 中可以动态地修改对象实例的属性和方法，例如：

```
var b = new Object;
b.x = 10;                    //生成变量属性
b["func"] = function() {     //生成函数，即方法
    ++this.x;;               //this 表示对象 b
}
b.func();
alert(b.x);                  //显示为 11
```

上例中直接给指定的属性名赋值就可以生成一个对象的属性，不需要使用 var 进行声明。要重新定义已经存在的属性，只需要将原来的属性赋值为新值。

(3) 删除属性和方法。删除对象的属性和方法有两种方法，第一种方法是使用 delete 运算符，其语法如下：

```
delete 对象名.属性名;
```

第二种方法是将属性值设置为 "undefined"，但这种方法其实没有真正将属性或方法从对象中删除，使用 for...in 语句遍历仍可得到该属性。

3) 对象的分类

前面介绍的都是用户自定义对象，除用户自定义对象外，在 JavaScript 中还有其他的对象。根据对象的作用范围，其可分为内置对象和宿主对象。

宿主对象指 DOM(Document Object Model，文档对象模型)和 BOM(Browser Object Model，浏览器对象模型)中的对象；内置对象指不依赖宿主而实现的对象，简单来说就是 JavaScript 定义的类，见表 4-1。

表 4-1　常用的内置对象

对象名	说　　明
Object	创建一个空对象，或者将指定的数字、字符串或布尔值转换为一个对象
Boolean	是 Boolean 数据类型的包装器。每当 Boolean 数据类型转换为 Boolean 对象时，JavaScript 都隐含地使用 Boolean 对象
Array	用于提供对创建任何数据类型的数组的支持
Date	用于启动日期存储器并可取得日期和时间
Function	用于创建新的函数
Math	用于提供对数学计算的支持
Number	代表数值数据类型和提供数值常数的对象
RegExp	用于保存有关正则表达式模式匹配信息的固有全局对象
String	用于处理或格式化文本字符以及确定和定位字符串中的子字符串
Error	用于保存有关错误的信息

【实例 4-1】自定义对象的应用。

实例要求定义一个学生对象,包含学号、姓名和英语、高数、C 语言、动态脚本、数据结构 5 门成绩,该对象还提供输出信息和计算总成绩两个方法。

(1) 利用编辑器编辑如下代码,并将文件保存为 "sl4-1.html"。

```html
<html>
<head>
<title>实例 4-1 自定义对象的创建</title>
</head>
<body>
<script>
function Student(no,name,english,mathe_m,c,js,data_s)
{
    this.no=no;
    this.name=name;
    this.english=english;
    this.mathe_m=mathe_m;
    this.c=c;
    this.js=js;
    this.data_s=data_s;
    this.showStudent=function()
    {
        document.write("学号: "+this.no+"   姓名: "+this.name+"<br/>");
        document.write("英语: "+this.english+"<br/>");
        document.write("高数: "+this.mathe_m+"<br/>");
        document.write("C 语言: "+this.c+"<br/>");
        document.write("动态脚本: "+this.js+"<br/>");
        document.write("数据结构: "+this.data_s+"<br/>");
    }
    this.summation=function()
    {
        return this.english+this.mathe_m+this.c+this.js+this.data_s;
    }
}
var LM=new Student("0908132201","张红",85,91,88,78,80);
with(LM)
{
  var sum=summation();
  showStudent();
  document.write("总分: "+sum+"<br/><br/>");
}
</script>
</body>
</html>
```

① 代码首先定义了构造函数 Student,利用形参和 this 语句给对象的 7 个属性 no、name、english、mathe_m、c、js、data_s 进行赋值。在构造函数中定义两个方法 showStudent( )和 summation( )用来显示对象属性和计算 5 门功课总分,然后定义 Student 对象 LM,调用方法显示信息和计算总分,为了方便书写,利用 with 语句指定 LM 对象。

② with 语句用来指定一个对象,在 with 语句块中,没有指定对象名的属性和方法都被假

定为该对象的属性和方法。

③ this 是面向对象语言中的一个重要概念,在面向对象语言中,this 通常用来指向运行时的当前对象,但由于 JavaScript 是解释执行的,因此 this 的指向是在运行时才确定的。在 JavaScript 中,this 通常指向的是正在执行的函数本身,或者在运行时指向该函数所属的对象。

(2) 在 Google Chrome 浏览器中浏览该网页,运行效果如图 4.2 所示。

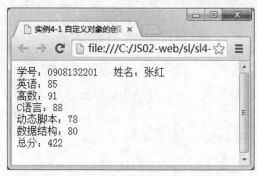

图 4.2 自定义对象实例效果图

知识点 2:Date 对象

1) Date 对象的创建

由于在 JavaScript 中没有日期型数据,所以要定义日期对象就必须使用构造函数来定义,即必须使用 new 语句来定义一个日期对象,使用方法如下:

```
日期对象 = new Date();
日期对象 = new Date(string);
日期对象 = new Date(year, month, day [, hours, minutes, seconds, milliseconds]);
日期对象 = new Date(milliseconds);
```

使用第一种方法可以定义一个包含当前系统时间的日期对象。

使用第二种方法可以将一个字符串转换成日期对象,这个字符串可以是只包含日期的字符串,也可以是既包含日期也包含时间的字符串,但 JavaScript 中字符串所代表的格式必须是日期对象的 JavaScript 中所能接受的字符串的格式。通常使用的格式为"月 日 年 时:分:秒",其中月份必须使用英文单词,而其他部分可以使用数字表示,例如"2015/10/1"正确,但"2015-10-1"是错误的。

使用第三种方法可以根据括号中的参数来定义一个日期对象。该方法中的 year 代表年份,month 代表月份,day 代表月份中的某一天,hours 代表小时,minutes 代表分钟,seconds 代表秒钟,milliseconds 代表毫秒。其中 hours、minutes、seconds、milliseconds 是可选参数,如果被省略,则默认取 0 值。

使用第四种方法可以用毫秒来创建日期,其中 milliseconds 代表毫秒。在该方法中,将 UTC(协调世界时间)1970 年 1 月 1 日 8 时 0 分 0 秒 0 毫秒看成是一个基数,而 milliseconds 代表距离这个基数的毫秒数。如果 milliseconds 参数值为 1 000,则该日期对象中的日期为 1970 年 1 月 1 日 8 时 0 分 1 秒。

2) Date 对象的属性

Date 对象的属性主要有 constructor 和 prototype 两个。constructor 属性的应用实例如下:

```
var newDate = new Date ();
if (newDate.constructor==Date)
  document.write ("日期型对象");
```

该实例判断当前对象是否为日期对象，若是，则运行结果输出"日期型对象"字样。
prototype 属性的应用实例如下：

```
var newDate = new Date ();              //当前日期为 2010-8-10
Date.prototype.mark = null;             //向对象中添加属性
newDate.mark= newDate.getDay ();        //从 Date 对象返回当天是星期几 (取值范围 0～6)
alert (newDate.mark);
```

该实例可显示当前日期是星期几，运行结果弹出窗口显示为"2"。

3) Date 对象的方法

Date 对象的方法见表 4-2、表 4-3 和表 4-4。

表 4-2 用于获取日期指定部分的方法

获取部分	方法名	说　　明
获取 年份信息	getFullYear( )	获取日期对象中的年份信息，使用本地时，以 4 位数表示
	getUTCFullYear( )	获取日期对象中的年份信息，使用 UTC 时，以 4 位数表示
	getYear( )	获取日期对象中的年份信息，使用本地时，如果年份小于 2000 则以 2 位数表示；如果大于 2000 则以 4 位数表示。建议使用 getFullYear( )
获取 月份信息	getMonth( )	获取日期对象中的月份信息，使用本地时，返回 0～11 之间的整数
	getUTCMonth( )	获取日期对象中的月份信息，使用 UTC 月
获取 天数信息	getDate( )	获取日期对象中的天数信息，使用本地时，返回 1～31 之间的整数
	getUTCDate( )	获取日期对象中的天数信息，使用 UTC 天
获取 星期信息	getDay( )	获取日期对象中的星期信息，使用本地时，返回 0～6 之间的整数
	getUTCDay( )	获取日期对象中的星期信息，使用 UTC 星期
获取 小时信息	getHours( )	获取日期对象中的小时信息，使用本地时，返回 0～23 之间的整数
	getUTCHours( )	获取日期对象中的小时信息，使用 UTC 小时
获取 分钟信息	getMinutes( )	获取日期对象中的分钟信息，使用本地时，返回 0～59 之间的整数
	getUTCMinutes( )	获取日期对象中的分钟信息，使用 UTC 分钟
获取 秒钟信息	getSeconds( )	获取日期对象中的秒钟信息，使用本地时，返回 0～59 之间的整数
	getUTCSeconds( )	获取日期对象中的秒钟信息，使用 UTC 秒钟
获取 毫秒信息	getMilliseconds( )	获取日期对象中的毫秒信息，使用本地时，返回 0～999 之间的整数
	getUTCMilliseconds( )	获取日期对象中的毫秒信息，使用 UTC 毫秒
获取 时间差信息	getTime( )	获取日期对象所代表的时间与 1970 年 1 月 1 日 8 时之间的毫秒数差
	getTimezoneOffset( )	获取日期对象所代表的时间与 UTC 时之间的时差数，以分钟为单位

表 4-3　用于设置日期指定部分的方法

设置部分	方法名	说　明
设置年份	setFullYear(year[, month,day])	设置日期对象中的年份信息，使用本地时
	setUTCFullYear(year[, month,day])	设置日期对象中的年份信息，使用 UTC 时
	setYear(year)	设置日期对象中的年份信息，使用本地时，如果年份小于 2000 则以 2 位数表示
设置月份	setMonth(month[, day])	设置日期对象中的月份信息，使用本地时
	setUTCMonth(month[, day])	设置日期对象中的月份信息，使用 UTC 月
设置天数	setDate(day)	设置日期对象中的天数信息，使用本地时
	setUTCDate(day)	设置日期对象中的天数信息，使用 UTC 天
设置小时	setHours(hours[, minutes, seconds, milliseconds])	设置日期对象中的小时信息，使用本地时
	setUTCHours(hours[, minutes, seconds, milliseconds])	设置日期对象中的小时信息，使用 UTC 小时
设置分钟	setMinutes(minutes[, seconds, milliseconds])	设置日期对象中的分钟信息，使用本地时
	setUTCMinutes(minutes[, seconds, milliseconds])	设置日期对象中的分钟信息，使用 UTC 分钟
设置秒钟	setSeconds(seconds[, milliseconds])	设置日期对象中的秒钟信息，使用本地时
	setUTCSeconds(seconds[, milliseconds])	设置日期对象中的秒钟信息，使用 UTC 秒钟
设置毫秒	setMilliseconds(milliseconds)	设置日期对象中的毫秒信息，使用本地时
	setUTCMilliseconds(milliseconds)	设置日期对象中的毫秒信息，使用 UTC 毫秒
通过毫秒设置时间	setTime (milliseconds)	通过距离 1970 年 1 月 1 日 8 时多少毫秒的方式设置时间

表 4-4　将日期对象转换为字符串的方法

方法名	说　明
toDateString( )	将当前 Date 对象中的日期转换为字符串，返回格式为"星期 月份 天数 年份"
toTimeString( )	将当前 Date 对象中的时间转换为字符串
toUTCString( )	将当前 Date 对象转换为以 UTC 时间表示的字符串
toGMTString( )	将当前 Date 对象转换为以 GMT 时间表示的字符串
toLocaleString( )	将当前 Date 对象转换为以本地时间表示的字符串
toLocaleDateString( )	将当前 Date 对象转换为以本地时间表示的日期字符串
toLocaleTimeString( )	将当前 Date 对象转换为以本地时间表示的时间字符串
toString( )	将当前 Date 对象转换为字符串的形式表示

【实例 4-2】Date 对象的使用。

实例实现制作报时器的效果。单击【报时】按钮可获得当前时间。

(1) 利用编辑器编辑如下代码，并将文件保存为"sl4-2.html"。

```html
<html>
<head>
<title>实例4-2 报时器</title>
<script>
function telltime()
  {
var now=new Date();
hours=now.getHours();
minutes=now.getMinutes();
second=now.getSeconds();
timestr="现在时间是: "+hours+"点"+minutes+"分"+second+"秒";
alert(timestr);
  }
</script>
</head>
<body>
<p>单击报时按钮可获得当前时间</p>
<input type="button" value="报时" name="B1" onClick="telltime()"></p>
</body>
</html>
```

(2) 在 Google Chrome 浏览器中浏览该网页，运行效果如图 4.3 所示。

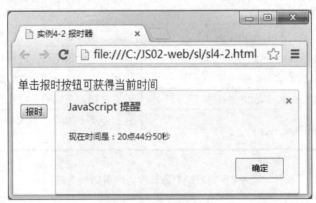

图 4.3　报时器效果图

知识点 3：Array 对象

1) Array 对象的创建

Array 是一个有序的数据集合，在这个集合中可以存放各种不同的数据，如数字型、字符型数据，也可存放复合型数据，如数组和对象。

存放在数组中的数据被称为数组元素，每个数组下标都对应着一个数组元素。在 JavaScript 中，数组中的元素可以是任意类型的元素，也可以同时存在多种类型的元素。数组元素的总数被称为数组的长度，数组长度等于数组中最大编号再加 1。

在 JavaScript 中定义数组的方法有 3 种，一是使用数组直接量来定义，二是使用数组对象的 Array( )构造函数来定义，三是使用其他对象中的方法，如使用 String 对象中的 split( )方法来返回一个数组。

(1) 使用数组直接量。使用数组直接量可以定义一个数组。数组直接量以 "[ ]" 为定界符，数组元素必须放在中括号里，数组元素之间使用逗号分隔，语法如下：

```
数组名 = [ element1, element2, element3,…]
```

(2) 使用构造函数。Array 对象的构造函数 Array( )可以用来定义一个数组，语法如下：

```
数组名 = new Array();
数组名 = new Array( length );
数组名 = new Array(element1, element2, element3,…);
数组名 = Array();
数组名 = Array( length );
数组名 = Array(element1, element2, element3,…);
```

从以上语法中可以看出，使用构造函数 Array( )定义数组时，无论有没有使用 new，结果都可以返回数组，但如果没有传递参数，定义的数组有可能会不同。

如果没有传递参数，会定义一个长度为 0，没有任何元素的数组。

如果只传递了一个参数，且这个参数是整型数字，那么就会定义一个长度为 1 的数组，数组中的元素就是参数中的数据。

如果传递了多个参数，假设传递了 N 个数据，那就会定义一个长度为 N 的数组，数组中的元素依次为传递的参数。应用实例如下：

```
var arr1 = new Array();
//定义一个空数组，数组长度为 0，不包含元素
var arr2 = new Array(2);
//定义一个长度为 2 的数组，数组中的元素为空，元素值为 undefined
var arr3 = new Array("2");
//定义一个长度为 1 的数组，数组中的元素为字符串 2
var arr4 = new Array(1, "This is a char", true, 6);
//定义一个长度为 4 的数组，数组中的元素依次为：1, This is a char, true, 6
```

(3) 使用 String 对象的 split( )方法。String 对象的 split( )方法可以将一个字符串分隔成一个数组，语法如下：

```
StringObj.split( separator. limit)
```

在以上代码中，StringObj 是 String 对象；separator 是字符串或正则表达式，JavaScript 会以 separator 为分隔符来分隔字符串，如果省略该参数，JavaScript 会返回一个长度为 1 的数组，数组中的唯一元素为 String 对象中的字符串；limit 为数组的最大值，也是可选参数，如果没有设置 limit，JavaScript 将以 separator 为分隔符分隔整个字符串，并将分隔之后的字符串组成数组返回，如果设置了 limit，JavaScript 仍以 separator 为分隔符分隔整个字符串，但返回的数组的最大长度不会超过 limit 的值，多余的字符串将会被舍弃。应用实例如下：

```
var str = "Monday、Tuesday、Wednesday、Thursday、Friday、Saturday、Sunday";
//定义一个字符串
var arr1 = str.split();
//分隔字符串，此时返回的数组长度为 1，唯一的元素值为 str 字符串
var arr2 = str.split("efg");
//使用 efg 作为分隔符，由于字符串中不存在该字符，所以同样返回一个长度为 1 的字符，元素值为
str 字符串
var arr3 = str.split("、");
//使用、作为分隔符，返回的数组长度为 7
var arr4 = str.split("、", 5);
```

```
//使用、作为分隔符，但指定了limit 参数返回的数组长度为 5
var arr5 = str.split("、", 10);
//使用、作为分隔符，并指定 limit 参数值为 10，超过了可返回的数组最大长度，因此返回的数组长
度仍为 7
```

2) Array 对象的属性

所有的数组都有一个属性——length，该属性用来表示数组的长度，即数组中包含的元素个数。数组的 length 属性和常规对象的属性不同，该属性的值是随着数组元素个数的变化而变化的。

length 属性既可以读也可以写，因此可手动设置其属性值的大小。如果给 length 设置了一个比它当前值大的值，则数组自动在末尾添加新的、值为 undefined 的元素；如果给 length 设置了一个比它当前值小的值，那么在这个长度之外的数组元素将被丢失，所以使用 length 属性可以起到缩短数组长度的作用。

如果使用 delete 运算符删除数组中的元素，则该元素变为 undefined 元素，但数组的长度不会改变。访问数组长度属性的语法如下：

```
数组名.length = "value"
```

3) Array 对象的方法

Array 对象的方法见表 4-5。

表 4-5　Array 对象的方法

方法名	说　　明
toString( )	将数组转换为字符串，元素与元素之间用 "," 分隔
join( )	将数组元素连接成字符串
push(x[,y,…])	在数组尾部添加元素，返回新数组的长度
concat(arrX[,arrY,…])	在数组尾部添加元素，并返回一个新数组，原数组中的元素和长度并不改变
unshift(x[,y,…])	在数组头部添加元素，返回新数组的长度
pop( )	删除数组中的最后一个元素，并将该元素返回
shift( )	删除并返回数组的第一个元素
splice(index[,nums[,x,y,…]])	删除、替换或插入数组元素
slice(start[,end])	返回数组中 start 位置到 end-1 位置所有元素组成的新数组，不改变原数组
reverse( )	颠倒数组中的元素，原来在第一位的元素将排到最后一位，而最后一位的元素将排到第一位
sort( )	对数组中的元素进行排序，直接改变原数组
toLocalString( )	转换为当地字符串

4) 二维数组

虽然 JavaScript 并不支持真正的多维数组，但是它允许使用元素为数组的数组。如果数组中所有数组元素的值都是基本类型的值，就把这种数组称为一维数组。当数组中所有数组元素的值又都是数组时，就形成了二维数组。

二维数组的初始化过程是先创建一维数组，然后将每个数组元素创建为一个数组，再对内部的每个元素进行赋初值，最后进行调用输出。

【实例 4-3】一维数组的使用。

实例定义一个数字型元素的数组(Array)，同时定义了升序排序和降序排序的函数，将这两个函数分别作为 sort( )方法的参数，对已有数组元素进行升序排序和降序排序，输出排序结果。

(1) 利用编辑器编辑如下代码，并将文件保存为"sl4-3.html"。

```html
<html>
<head>
<title>实例4-3 数组元素排序</title>
</head>
<body>
<script>
//定义用于升序排序的函数
function asc(x,y){              //第8行
if (x>y){
return 1;
}
else if (x<y){
return -1;
}
else{
return 0;
}
}                              //第18行
//定义用于降序排序的函数
function desc(x,y) {           //第20行
if (x>y) {
return -1;
}
else if (x<y) {
return 1;
}
else{
return 0;
}
}                              //第30行
//定义一个数组
var arr = new Array(5,29,14,1,656,206,41,3,159);
document.write("原数组中的元素为：" + arr.toString() + "<br>");        //第33行
//将数组元素升序排序
arr.sort(asc);
document.write("数组元素升序排序后为：" + arr.toString() + "<br>");
//将数组元素降序排序
arr.sort(desc);
document.write("数组元素降序排序后为：" + arr.toString() + "<br>");
</script>
</body>
</html>
```

该代码从第 8 行到第 18 行定义了 asc 函数，该函数中有两个参数，当该函数被用于数组元素排序时，JavaScript 会将数组中的所有元素两两取出，放在函数中运行。从该函数中可以看出，如果 x 的值小于 y 的值，函数返回-1，则 x 排在前面，因此实现升序排序功能。第 20

行到第 30 行定义了 desc( )函数，与 asc( )函数正好相反，如果 x 的值小于 y 的值，函数返回 1，则 y 排在前面，因此实现降序排序功能。第 33 行开始，将原始数组输出到页面上；用 sort( )方法调用 asc( )函数，将升序排序结果输出到页面上；用 sort( )方法调用 desc( )函数，将降序排序结果输出到页面上。

(2) 在 Google Chrome 浏览器中浏览该网页，运行效果如图 4.4 所示。

图 4.4　数组元素排序效果图

【实例 4-4】二维数组的应用。

实例要求利用二维数组输出三位同学的各科成绩。

(1) 利用编辑器编辑如下代码，并将文件保存为 "sl4-4.html"。

```html
<html>
<head>
<title>实例 4-4 二维数组的应用</title>
</head>
<body>
<script>
var student=new Array();
student[0]=new Array("李丽",86,90,88);
student[1]=new Array("王明",80,78,85);
student[2]=new Array("周三",76,68,72);
document.write("<pre>");
document.write("姓名\t 高数\t 英语\t 脚本语言<br>");
for (var i=0;i<student.length;i++)
   {for (var j=0;j<student[i].length;j++)
      document.write(student[i][j]+"\t");
    document.write("<br>");}
document.write("</pre>");
</script>
</body>
</html>
```

(2) 在 Google Chrome 浏览器中浏览该网页，运行效果如图 4.5 所示。

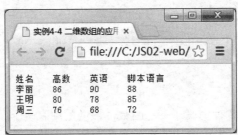

图 4.5　二维数组的应用效果图

4.2　【案例 7】具有验证功能的登录页面

➢ **案例陈述**

　　本案例主要用 String 对象、Math 对象的属性和方法实现表单验证功能。要求邮箱名不得为空、仅包含一个字符 "@" 但不能出现在第一位、包含字符 "." 但不能出现在第一位或最后一位、字符 "@" 必须出现在字符 "." 的前面且两字符之间应该包含内容、暂时不支持 qq 邮箱；密码不得为空且不能少于 6 个字符；验证码不得为空且只能输入 4 位字符并与随机产生的 4 位验证码相同，如果输入有误，则会弹出提示对话框，直到输入正确方能登录。运行效果如图 4.6 所示。

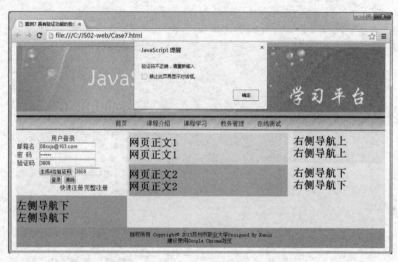

图 4.6　具有验证功能的登录页面效果图

➢ **案例实施**

　　(1) 首先在【案例 4】的基础上实现表单验证功能。使用 Dreamweaver，将网页 "Case4.html" 另存为文件 "Case7.html"，网页设计界面如图 4.7 所示。

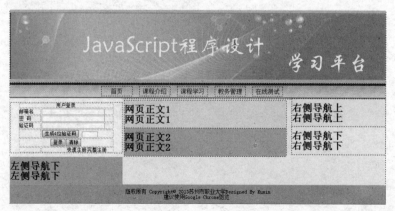

图 4.7　设计界面图

(2) 在代码视图<head>…</head>标签中添加<script>代码，实现验证功能，代码如下所示：

```
<html>
<head>
<meta charset="gb2312">
<title>案例 7 具有验证功能的登录页面</title>
<script>
function change(){
var str="";
for(var i=1;i<=4;i++)
   str+=Math.floor(Math.random()*10);
  document.form1.pswtext2.value=str;
}
function checkEmailName(){
var strEmail= document.form1.email.value;
var at=strEmail.indexOf("@");
var dot=strEmail.indexOf(".");
if(strEmail.length!=0)
{
if (at==-1||dot==-1)
{
alert("邮箱名必须包含@和.符号");
return false;
}
   if (at==0||dot==0||dot==strEmail.length-1)
{
alert("字符@或字符.不能出现在第一位，字符.不能出现在最后一位");
return false;
}
if (at>dot)
{
alert("字符@必须出现在字符.的前面");
return false;
}
if (dot-at==1)
{
alert("字符@和字符.之间应该包含内容");
return false;
}
if (at!==strEmail.lastIndexOf('@'))
{
alert("字符@只能出现一次");
return false;
}
if (at!=-1&&strEmail.substring(at+1).toLowerCase()=="qq.com")
{
alert("本网站暂时不支持 qq 邮箱");
return false;
}
}
else
{
```

```
alert("请输入邮箱名");
return false;
}
return true;
}
function passCheck(){
var userpass = document.form1.psw.value;
if(userpass == "")
{
alert("请输入密码");
return false;
}
if(userpass.length < 6)
{
alert("密码必须多于或等于 6 个字符");
return false;
}
return true;
}
function checkPsw(){
var randompass = document.form1.pswtext.value;
var randompass2 = document.form1.pswtext2.value;
if(randompass == "")
{
alert("请输入验证码");
return false;
}
if(randompass.length>4)
{
alert("验证码不得多于 4 位数字");
return false;
}
if(randompass!=randompass2)
{
alert("请重新输入验证码");
return false;
}
return true;
}
function validateform(){
if(checkEmailName()&&passCheck()&&checkPsw())
return true;
else
return false;
}
function makeMenu(){
var items=document.getElementById("nav").getElementsByTagName("li");
for (var i=0;i<items.length;i++){
    items[i].onmouseover=function(){
        this.className="mouseover";
    }
    items[i].onmouseout=function(){
```

```
            this.className="";}
    }
    }
function myMain(){
makeMenu();
window.alert("本网站主要提供网页常见特效,涉及 JavaScript 知识和实现技巧可参详本书相关
章节,希望能在网站设计中给予帮助!");
    }
</script>
</head>
```

案例中每次需要产生 4 个 0~9 之间的随机数,而随机数 Math.random( )可以产生一个 0~1
之间的随机数,需要通过将 Math.random( )乘以 10,再用 Math.floor( )取整数就能得到 0~9 之
间的随机数,将 4 个这样的随机数串联到一起就是四位随机数。

(3) 在"代码"视图下修改<body>...</body>标签中<form>标签中的代码,实现调用函数
validateform( ),代码如下所示:

```
<body>
<form id="form1" name="form1" method="post" action="success.html" onsubmit="return
validateform()">
<table border="0" align="center">
    <tr>
      <td colspan="2" align="center">用户登录</td>
    </tr>
    <tr>
      <td>邮箱名</td>
      <td><input type="text" name="email" id="email"></td>
    </tr>
    <tr>
      <td>密 码</td>
      <td><input type="password" name="psw" id="psw"></td>
    </tr>
    <tr>
      <td>验证码</td>
      <td><input name="pswtext" type="text" id="pswtext"></td>
    </tr>
    <tr>
      <td> </td>
      <td><input type="button" name="button" id="button" value="生成 4 位验证码"
onClick="change()">
      <input name="pswtext2" type="text" id="pswtext2" size="6" maxlength="4"></td>
    </tr>
    <tr>
      <td colspan="2" align="center">
        <input type="submit" name="submit1" id="submit1" value="登录">
        <input type="reset" name="reset1" id="reset1" value="清除">
      </td>
    </tr>
    <tr>
      <td colspan="2" align="right"><a href="Case1-zhuce.html" target="blank">
还未注册? </a></td>
```

```
      </tr>
    </table>
  </form>
  </body>
  </html>
```

知识点 1：String 对象

1) String 对象的创建

定义一个字符串对象有两种方法。第一种方法是使用 new 语句通过调用字符串对象的构造函数来定义一个字符串对象，语法如下：

```
字符串对象名= new String();
字符串对象名= new String(参数);
```

如果在构造函数 String( )中没有使用参数，那么 JavaScript 将会定义一个字符串对象，该对象中的字符串为空字符串；如果 String( )中参数不为空，则定义一个字符串对象，该对象中的字符串内容为参数内容。

第二种方法是使用 var 语句定义一个字符串变量，而这个字符串变量可以直接使用字符串的方法和属性，语法如下：

```
var 字符串 = String(参数);
字符串 = String(参数);
```

2) String 对象的属性

String 对象中有 3 个属性，分别是 length、constructor 和 prototype，其中 length 最为常用。length 的应用实例如下：

```
var s=0;
var newString = new String("teacher");    //实例化一个字符串对象
var s=newString.length;                    //获取字符串对象的长度
alert(s.toString(16));                     //输出在提示框里
```

该实例的运行结果为"7"。

constructor 的应用实例如下：

```
var newName=new String("Hello");           //实例化一个字符串对象
if (newName.constructor==String)           //判断当前对象是否为字符型
  {alert("It is a string.");}              //如果是，输出确认的提示
```

该实例的运行结果为"It is a string."。

prototype 的应用实例如下：

```
function employee(name, age){               //自定义函数
  this.name=name;                          //给当前函数的 name 赋值
  this.age=age;                            //给当前函数的 age 赋值
}
var info=new employee("Kate", 35);         //实例化 employee 函数对象
employee.prototype.salary=null;            //向对象中添加属性
info.salary=6000;                          //给添加的属性赋值
alert(info.salary);                        //输出属性值
```

该实例的运行结果为"6000"。

3) String 对象的方法

String 对象的方法见表 4-6。

表 4-6　String 对象的方法

方　法	说　明	示　例
anchor( )	创建 HTML 锚标记	var txt="脚本语言"; document.write(txt.anchor("myanchor")); myanchor.href="http://www.jssvc.edu.cn";
link( )	将字符串显示为链接	var txt="脚本语言"; txt.link("http://www.jssvc.edu.cn");
big( )	用大号字体显示字符串	font="大号字" document.write(font.big( ));
bold( )	使用粗体显示字符串	font="粗体字" document.write(font.bold( ));
fontcolor( )	使用指定的颜色来显示字符串	var Str="JavaScript"; document.write(Str.fontcolor("Red"));
charAt( )	返回字符串对象中的指定位置处的字符	var str="abcdefg"; document.write(str.charAt(2)+ " ");
charCodeAt( )	返回一个整数,该整数表示字符串中对象中指定位置处的字符的 Unicode 编码	var str="abcdefg"; document.write(str.charCodeAt(1));
concat( )	连接字符串	var str="abcdefg"; document.write(str.concat("hi", "jk"));
indexOf( )	返回某个子字符串在一个字符串对象中第一次出现的字符位置	var str1="Use JavaScript and Java"; var str2="Java"; if (str1.indexOf(str2)>0){ document.write(str2.fontcolor("Red"))};
lastIndexOf( )	作用与 indexOf( )相似，但搜索方向为从右向左	var str1="Use JavaScript and Java"; var str2=" Java"; if (str1.lastIndexOf(str2)>0){ document.write(str2.fontcolor("blue"))};
slice( )	返回在一个字符串的两个指定位置之间的子字符串	var p="Use JavaScript"; document.write(p.slice(4));
split( )	返回一个字符串按某种分隔标志符拆分为若干子字符串时所产生的字符串数组	var str="Which date is your birthday? " var arr=str.split(""); document.write(arr[0]+ ""+arr[1]+ ""+ arr[2]+ ""+ arr[3]+ ""+ arr[4]);
substr( )	返回从指定位置开始，取出具有指定长度个数的字符所组成的字符串	var p="Use JavaScript"; document.write(p.substr(0,3));
substring( )	返回从一个位置开始，到另外一个结束位置的所有字符所组成的字符串	var p="Use JavaScript"; document.write(p.substring(4));

续表

方　法	说　明	示　例
toLowerCase( )	返回一个字符串,该字符串中的所有字母被转换为小写字母	var str="JavaScript"; document.write(str. toLowerCase( ));
toUpperCase( )	返回一个字符串,该字符串中的所有字母被转换为大写字母	var str="JavaScript"; document.write(str. toUpperCase( ));
match( )	在字符串内检索指定的值,找到一个或多个与正则表达式相匹配的文本	var p="Use JavaScript"; document.write(p.match("JavaScript"));
replace( )	在字符串内检索指定的值,替换与正则表达式匹配的子字符串	var p="Hello!beibei"; document.write(p.replace(/b/g, "B"));
search( )	返回使用正则表达式搜索时,第一匹配的子字符串在整个被搜索的字符中的位置,类似于 indexOf	var str="this is box!"; document.write(str.search(/is/));

valueOf( )	返回某个字符串对象的原始值	var newBoolean=new Boolean( );
		newBoolean=true;
		document.write(newBoolean.valueOf( ));

【实例 4-5】字符串对象的应用。

实例要求利用字符串对象的属性和方法,在标题栏中显示滚动字幕,将字符串进行连接,获取字符串的长度,将小写字母转换为大写字母并输出。

(1) 利用编辑器编辑如下代码,并将文件保存为"sl4-5.html"。

```
<html>
<head>
<title>实例 4-5 字符串的应用</title>
</head>
<body>
<script>
var str="欢迎光临本站！"
function titleMove(){
  str=str.substring(1,str.length)+str.substring(0,1);   //设置当前标题栏和状态栏
中要显示的字符
  document.title=str;                      //重新设置文档的标题
  status=str;                              //设置状态栏的信息
 }
if (str.length>20) str="欢迎光临本站！"   //如果字符数大于指定的长度,让它变成初始状态
setInterval("titleMove()",500);           //调节滚动速度
var str1=new String("苏州市职业大学");    //定义字符串变量 str1
var str2="welcome!";                      //定义字符串变量 str2
var str3=str2.concat(str1);               //将字符串变量 str2 和 str1 连接形成 str3
with(document)
{                                         //使用 with 语句
  write("字符串："+str3+"<br>");
  write("字符串的长度:"+str3.length+"<br>");
  write("字母转换为大写："+str3.toUpperCase()+"<br>");  //将 str3 转换为大写
  write("这是指向"+str1.link("http://www.jssvc.edu.cn")+"的超链接");
}
```

```
</script>
</body>
</html>
```

(2) 在 Google Chrome 浏览器中浏览该网页,运行效果如图 4.8 所示。

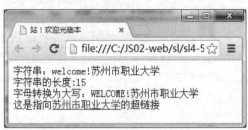

图 4.8　字符串应用效果图

知识点 2:Math 对象

1) Math 对象的创建

与其他 JavaScript 对象不同,Math 对象中所有的属性和方法都是静态的,没有构造函数,所以不能用 Math( )来定义一个 Math 对象,可以直接使用 Math 对象提供的属性和方法。

2) Math 对象的属性

Math 对象的属性用于提供数学运算中常用的常量,这些属性也是由 Math 对象直接引用,见表 4-7。

表 4-7　Math 对象的属性

属性名	说　明
constructor	对创建此对象的函数的引用
E	自然对数的底数,常量 e,其值近似为 2.718
LN10	10 的自然对数,其值近似为 2.302
LN2	2 的自然对数,其值近似为 0.693
LOG10E	以 10 为底的 e 的对数,其值近似为 0.434
LOG2E	以 2 为底的 e 的对数,其值近似为 1.442
PI	常量 π,其值近似为 3.14159
prototype	向对象添加自定义的属性和方法
SQRT1_2	1 除以 2 的平方根,其值近似为 0.707
SQRT2	2 的平方根,其值近似为 1.414

3) Math 对象的方法

Math 对象的方法见表 4-8。

表 4-8　Math 对象的方法

方法名	说　明
abs(x)	返回 x 的绝对值
acos(x)	返回 x 的反余弦值,参数 x 的有效范围为-1.0 到 1.0。如果超过该范围则返回 NaN

续表

方法名	说　明
asin(x)	返回 x 的反正弦值,参数 x 的有效范围为-1.0 到 1.0。如果超过该范围则返回 NaN,否则返回$-\pi/2$ 到$\pi/2$ 之间的弧度值
atan(x)	返回 x 的反正切值。返回值为$-\pi/2$ 到$\pi/2$ 之间的弧度值
atan2(y,x)	返回从一个点(x,y)与 X 轴之间的角度,参数 x 和 y 分别为 X 坐标和 Y 坐标,返回值为$-\pi$到π之间的值
ceil(x)	向上舍入,即返回大于或等于 x 并且与 x 最接近的整数
cos(x)	返回 x 的余弦值。返回值为-1.0 到 1.0 之间的值
exp(x)	返回 ex,其中 e 为自然对数的底数
floor(x)	向下舍入,即返回小于或等于 x 并且与 x 最接近的整数
log(x)	返回 x 的自然对数,参数 x 为大于 0 的数,如果 x 为负数,则返回 NaN
max(value1,value2…)	返回参数中最大的值。如果没有参数,返回-Infinity。如果有一个参数为 NaN,或有一个不能转换成数字的参数,返回 NaN
min(value1,value2…)	返回参数中最小的值。如果没有参数,返回 Infinity。如果有一个参数为 NaN,或有一个不能转换成数字的参数,返回 NaN
pow(x,y)	返回 x 的 y 次方,如果x^y 的结果虚数或复数,Math.pow( )将返回 NaN。如果x^y 的结果过大,可能会返回 Infinity
random( )	返回一个 0 到 1 之间的随机数
round(x)	舍入到最近的整数,返回与 x 最近的整数
sin(x)	返回 x 的正弦值。返回值为-1.0 到 1.0 之间的值
sqrt(x)	返回 x 的平方根。如果 x 为负数,返回 NaN
tan(x)	返回 x 的正切值

【实例 4-6】Math 对象的应用。

实例要求弹出两个对话框请用户输入随机数的下限和上限,如图 4.9 和图 4.10 所示。接收输入数据后,使用数学(Math)对象的 log( )方法分别计算下限和上限的自然对数,使用 exp( )方法求出下限基数为 e 时的幂运算,并用 log( )方法计算结果的自然对数并输出,再用 Math 的 sqrt( )方法计算下限和上限的平方根,最后产生在上、下限之间的 10 个随机数。效果如图 4.11 所示。

利用编辑器编辑如下代码,并将文件保存为"sl4-6.html"。

```html
<html>
<head>
<meta charset="gb2312">
<title>实例 4-6 Math 对象的应用</title>
</head>
<body>
    <script>
        //弹出提示框提示用户输入随机数的下限和上限
```

```
            var m=parseInt(prompt("请输入随机数的下限: ",0));//第 9 行
            var n=parseInt(prompt("请输入随机数的上限: ",0));
            with(document)
             {
             //Math 对象的属性
               write("Math.E="+Math.E+"<br>");//第 14 行
               write("Math.LN2="+Math.LN2+"<br>");
               write("Math.LN10="+Math.LN10+"<br>");
               write("Math.LOG2E="+Math.LOG2E+"<br>");
               write("Math.LOG10E="+Math.LOG10E+"<br>");
               write("Math.PI="+Math.PI+"<br>");
               write("Math.SQRT1_2="+Math.SQRT1_2+"<br>");
               write("Math.SQRT2="+Math.SQRT2+"<hr>");//第 21 行
               //使用 log 方法计算自然对数
               write("Math.log("+n+"): "+Math.log(n)+"<br>");//第 22 行
               write("Math.log("+m+"): "+Math.log(m)+"<br>");
               write("Math.log(Math.exp("+m+")):"+Math.log(Math.exp(m))+"<hr>");
               //使用 sqrt 方法计算平方根
               write("Math.sqrt("+m+"): "+Math.sqrt(m)+"<br>");//第 26 行
               write("Math.sqrt("+n+"): "+Math.sqrt(n)+"<hr>");
             }
               //在 for 循环中使用 random 方法产生 10 个随机数
            document.write(m+"到"+n+"之间的十个随机数为: <br>" );
            for(var i=0;i<10;i++)                          //第 31 行
             {
               var result=Math.round(Math.random()*(n-m))+m;
               document.write(result+", ");
             }
        </script>
      </body>
 </html>
```

该代码第 9 行到第 10 行使用 prompt( )方法弹出对话框请用户输入下限和上限，并将用户输入的值用 parseInt( )方法转换为整数赋给变量 m 和 n。第 14 行到第 21 行将 Math 对象的属性 E、LN2、LN10、LOG2E、LOG10E、PI、SQRT1_2、SQRT2 输出到页面上。第 22 行和第 23 行用 log( )方法计算 n 和 m 的自然对数，将结果输出到页面上。第 24 行用 exp( )方法计算出 m 的以 e 为基数的幂运算结果，然后用 log( )方法求结果的自然对数，将结果输出到页面计算。第 26 行和第 27 行用 sqrt( )方法求得 m 和 n 的平方根并将结果输出到页面上。第 31 行到第 35 行，用 for 循环语句依次使用 random( )方法获得 m 到 n 之间的随机数，并用 round( )方法将产生的随机数舍去浮点部分，得出随机数的整数部分，并将结果输出到页面上，中间用"，"分隔。

图 4.9 输入随机数下限效果图　　　　图 4.10 输入随机数上限效果图

图 4.11 Math 的属性和方法效果图

4.3 本 章 小 结

本章节主要介绍 JavaScript 内置对象的使用，重点介绍了日期对象、数组对象、字符串对象、数学对象这 4 个常用内置对象的定义、属性和方法。通过本章的学习，读者可以使用常见 JavaScript 常用内置对象实现时钟、表单基本验证等常见特效。

4.4 习　　题

1. 选择题

(1) 创建对象使用的关键字是(　　)。

　A. write　　　　B. function　　　C. new　　　　D. var

(2) 在 JavaScript 语言中，可以使用(　　)。

　A. 预定义对象　　　　　　　　B. 自定义对象

　C. 预定义对象和自定义对象　　D. 以上选项均错

(3) 以下(　　)不是 JavaScript 中的内置对象。

　　A．Location 对象　　　　　　　B．Object 对象

　　C．Date 对象　　　　　　　　　D．Number 对象

(4) 在 JavaScript 语言中，声明一个数组对象并进行初始化所用的语句是(　　)。

　　A．m; new Array{1,2,3,4,5}　　　B．m= new Array{1,2,3,4,5}

　　C．new Array[1,2,3,4,5]　　　　　D．m=new Array(1,2,3,4,5)

(5) 在以下选项中，能正确声明数组并进行初始化的语句是(　　)。

　　A．str=new Dimension('1', '2', '3', '4', '5')

　　B．str=new dimension('1', 2,3, 4, '5')

　　C．str=new array('1', 2, 3, 4, '5')

　　D．str=new Array('1', '2', '3', '4', '5')

(6) 在 JavaScript 中，用来检索字符串的方法是(　　)。

　　A．match( )　　　B．search( )　　　C．replace( )　　　D．indexOf( )

(7) var str="King of the world";

document.write("字符串中第 9 到第 3 个字符为：　"+str.substring(9,2)+ "<br>");

显示结果是(　　)。

　　A．t fo gn　　　　　　　　　B．ng of t

　　C．King of the world　　　　　D．无显示结果

(8) 关于 paeseInt( )函数的功能，正确的说法是(　　)。

　　A．将一个字符串转换为实数　　　B．将一个字符串转换为一个整数

　　C．将一个整数转换为一个字符串　　　D．将一个实数转换成一个字符串

2．填空题

(1) 在 JavaScript 中，根据对象的作用范围，可分为_____和_____。

(2) 在 JavaScript 语言中，要删除一个对象实例可使用的运算符是_____。

(3) 定义构造函数所使用的语句是_____。

(4) 表示字符串 str 长度的属性引用是_____。

(5) 在 JavaScript 语言中，要正确调用对象方法可使用_____。

(6) 预定义对象 Date 中的月份、日期、天数、小时、秒数、毫秒数等数字都是从_____开始。

(7) 数组元素是通过下标来引用的，下标的编号从_____开始，最大编号为数组长度_____。

(8) 创建对象实例 nmb：var nmb=New Number(<值>)；这里的<值>用于表示初值，可以是任何_____类型的数据。

3．判断题

(1) JavaScript 中允许两个日期对象相减，相减之后将会返回这两个日期之间的秒数差。
　　　　　　　　　　　　　　　　　　　　　　　　　　　　　　　　(　　)

(2) Math 对象的 random( )方法能返回一个 0 到 1 之间的随机数。　　(　　)

(3) Array 对象的 splice( )方法可以用来为数组添加元素，也可以用来删除数组的元素。
　　　　　　　　　　　　　　　　　　　　　　　　　　　　　　　　(　　)

(4) 假设已经存在串变量 str="I am a teacher! "，str.split(""，3)可以取其前 3 个单词。（　　）

(5) 在 JavaScript 语言中，能正确访问一维数组 arr 中第 2 个元素的是 arr[2]。（　　）

(6) 日期时间函数中的 getMonth( )可以返回 1～12 月份。（　　）

(7) 在 JavaScript 语言中，要访问指定对象的方法和属性可使用运算符 "."。（　　）

4．操作题

(1) 根据输入框中输入的年份在页面上显示"距离你的生日×月×日还剩×天。"

(2) 将字符串 "hELLO,i'm a student,NOW" 中的大写字母转换成小写字母，小写字母转换成大写字母，其他字符保留不变。

(3) 随机产生 1～20 之间的半径，然后计算圆的周长与面积函数，周长与面积的运算结果保留两位小数。运行结果如图 4.12 所示。

(4) 数组方法的综合练习：①创建数组 arr1、arr2 并为其赋值，将结果输出到页面；②将 arr1 和 arr2 合并，将结果赋给数组 arr3 并输出到页面；③删除 arr3 前两个元素和最后一个元素，将结果输出到页面；④将新数组 arr3 的元素值和数组长度输出到页面；⑤分别将 arr1 排序、arr2 反转后的结果输出到页面；⑥提取第 2～6 元素的新数组并输出到页面。运行结果如图 4.13 所示。

图 4.12　Math 应用效果图

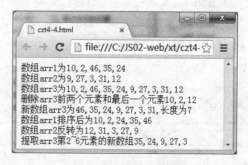

图 4.13　数组应用效果图

第 **5** 章　DOM 对象

　　在网页编程中，经常需要使用 JavaScript 操作 HTML 文档中的元素，DOM(Document Object Model，文档对象模型)为操作 HTML 文档提供了规范、方便的方法。在 JavaScript 中每个 HTML 标记都可通过其 Style 对象设置 CSS 样式实现动态特效，利用这些对象可以很容易实现 JavaScript 编程速度的提高并加强 JavaScript 程序功能。

学习目标

知识目标	技能目标	建议课时
(1) 熟悉 JavaScript 中的 DOM 模型 (2) 熟悉 HTML DOM 文档的树状结构 (3) 熟悉 document 对象、form 对象的常用属性、方法和事件 (4) 熟悉 Style 对象常用属性及其含义 (5) 熟悉 HTML DOM className 属性的使用	(1) 能熟练通过 HTML DOM 树形模型获取网页元素 (2) 能熟练运用 document 对象的 getElementById( )、getElementByName( )等常用方法 (3) 能够熟练使用 Style 对象的相关属性和 CSS 属性丰富 Web 网页表现，如使用 display 显示属性实现层或图片的隐藏/显示和选项卡切换特效等 (4) 能够熟练使用 className 属性来获取元素并改变样式	8 学时

5.1　【案例 8】学生选课系统

➤ 案例陈述

本案例主要实现"教务管理—学生选课"超链接页面，主要内容包括两个下拉列表，可在其中选择相应的专业和班级，当选择不同的专业时，相应的班级就会发生改变，即专业"计算机信息管理"对应的班级有"11 信息管理(IT)"、"12 信息管理 1"、"12 信息管理 2"、"13 交通信息管理"，专业"计算机应用技术"对应的班级有"11 嵌入式技术"、"11 应用技术 3G"、"12 应用技术 3G"、"13 应用技术对口"，专业"计算机软媒技术"对应的班级有"11 软件测试"、"12 多媒体技术 1"、"12 多媒体技术 2"、"13 动漫设计与制作 1"、"13 动漫设计与制作 2"；专业"计算机网络技术"对应的班级有"11 应用技术 CIW"、"12 网络工程"、"13 网络工程"；开始时超文本内容为"全要参加"，单击它，上面的复选框全都被选中，且该超文本内容变成"全不参加"；反之单击超文本"全不参加"，则上面的选项都不被选；单击【计算】按钮可以计算出所选课程的总学分。效果图如图 5.1 和图 5.2 所示。

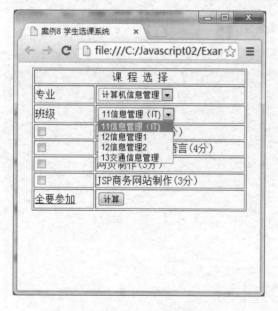

图 5.1　选择专业后的班级结果图

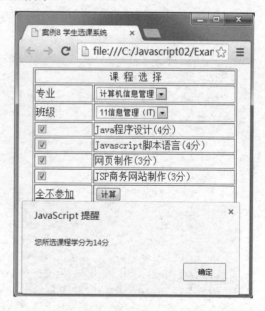

图 5.2　单击"全要参加"超链接后的运行结果图

➤ 案例实施

(1) 使用 Dreamweaver，新建网页"Case8.html"。在设计视图下选择【插入】|【表单】菜单命令，创建名称为"kcForm"的表单，再分别插入两个下拉列表框、复选按钮组、文字超链接和【计算】按钮。其中两个列表框的属性设置如图 5.3 和图 5.4 所示。

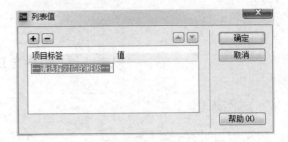

图 5.3　设置专业列表值　　　　　　图 5.4　设置班级列表值

编辑好的页面如图 5.5 所示。

课 程 选 择	
专业	--请选择专业-- ▾
班级	--请选择对应的班级-- ▾
☐	Java程序设计(4分)
☐	Javascript脚本语言(4分)
☐	网页制作(3分)
☐	JSP商务网站制作(3分)
🔒全要参加	计算

图 5.5　页面编辑图

(2) 在代码视图中修改<body>…</body>标签间控件所需响应事件的代码，代码如下：

```html
<body>
<form name="kcForm" id="kcForm">
  <table border="1"  align="center">
    <tr>
      <td colspan="2" align="center">课程选择</td>
    </tr>
    <tr>
      <td width="91">专业</td>
      <td width="232">
      <select name="selProf"   onChange="changeProf()">
        <option>--请选择专业--</option>
      <option value="计算机信息管理">计算机信息管理</option>
      <option value="计算机应用技术">计算机应用技术</option>
      <option value="计算机软媒技术">计算机软媒技术</option>
      <option value="计算机网络技术">计算机网络技术</option>
      </select>
      </td>
    </tr>
    <tr>
      <td>班级</td>
      <td>
      <select name="selClass" id="班级">
        <option>--请选择对应的班级--</option>
      </select>
      </td>
    </tr>
```

```
    <tr>
      <td><input type="checkbox" name="checkbox" value="4" /></td>
        <td>Java 程序设计(4 分) </td>
      </tr>
      <tr>
       <td><input type="checkbox" name="checkbox" value="4"/></td>
        <td>JavaScript 脚本语言(4 分) </td>
      </tr>
      <tr>
      <td><input type="checkbox" name="checkbox" value="3" /></td>
        <td>网页制作(3 分)</td>
      </tr>
      <tr>
  <td><input type="checkbox" name="checkbox" value="3"/></td>
  <td>JSP 商务网站制作(3 分) </td>
      </tr>
      <tr>
<td><a id="all" href="JavaScript:needAll()">全要参加</a></td>
    <td><input type="button" name="button" id="button" value="计算" onClick="tj()"></td>
      </tr>
    </table>
  </form>
  </body>
  </html>
```

触发下拉列表框选项的事件为 onChange，此时调用函数 changeProf( )；单击文字超链接 "全要参加"，调用函数 needAll( )；单击【确定】按钮时调用函数 tj( )。

(3) 在<head>…</head>标签间添加如下代码：

```
<html>
<head>
<meta charset="gb2312">
<title>案例 8 学生选课系统</title>
<script>
function changeProf(){
var classList = new Array();
classList["计算机信息管理"] =["11 信息管理(IT)","12 信息管理 1","12 信息管理 2","13
交通信息管理"];
    classList["计算机应用技术"] =["11 嵌入式技术","11 应用技术 3G","12 应用技术 3G","13 应
用技术对口"];
    classList["计算机软媒技术"] = ["11 软件测试","12 多媒体技术 1","12 多媒体技术 2","13
动漫设计与制作 1","13 动漫设计与制作 2"];
    classList["计算机网络技术"] =["11 应用技术 CIW","12 网络工程","13 网络工程"];
//获得学期选项的索引号，如第一学期为 1，比对应数组索引号多 1
    var i=document.kcForm.selProf.value;
    var newOption1;
    document.kcForm.selClass.options.length=0;
    for (var j in classList[i]) {
      newOption1=new Option(classList[i][j],classList[i][j]);
    document.kcForm.selClass.options.add(newOption1);
      }
    }
```

```
function needAll()
{
var flag;
if(document.getElementById("all").innerHTML=="全要参加"){
flag=true;
document.getElementById("all").innerHTML="全不参加";
}
else{
flag=false;
document.getElementById("all").innerHTML="全要参加";
}
var group=document.getElementsByName("checkbox");
for(var i=0;i<group.length;i++)
group[i].checked=flag;
}

function tj(){
var group=document.getElementsByName("checkbox");/*将名字为"checkbox"的所有元
素放入 group 数组中*/
var totalprice=0;
for(var i=0;i<group.length;i++)
{
if(group[i].checked)
totalprice+=parseFloat(group[i].value);/*由于 JavaScript 声明变量时不需要说明类
型，所以看不出 group 是数组类型数据*/
}
alert("您所选课程学分为"+totalprice+"分");
}
</script>
</head>
```

① 函数 changeProf( )的主要功能是获得第一个列表的被选的值，清空当前第二个列表的选项，再用二维数组中存储的相应班级，产生新的选项，依次加入到第二个列表中。其中：每个选项 Option 可以动态创建 new Option("显示内容","值")；可以动态添加选项 selClass.options.add(newOption1)；可以清除选项 selClass.options.length=0。

② 函数 needAll( )的主要功能是通过 flag 标志来改变文字链接的内容。

③ 函数 tj( )的主要功能为弹出对话框，计算出所选项的总数。

> ## 知识准备

知识点 1：document 对象

1) document 对象概述

文档对象(document)代表浏览器窗口中的文档，该对象是 window 对象的子对象，由于 window 对象是 DOM 对象模型中的默认对象，因此 window 对象中的方法和子对象不需要使用 window 来引用。通过 document 对象可以访问 HTML 文档中包含的任何 HTML 标记，并可以动态地改变 HTML 标记中的内容，例如表单、图像、表格和超链接等。该对象在 JavaScript 1.0 版本中就已经存在，在随后的版本中又增加了几个属性和方法，DOM 对象模型图如图 5.6 所示。

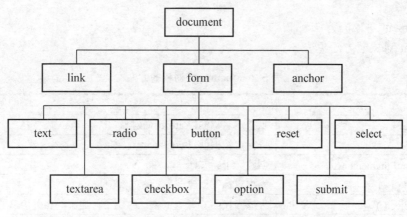

图 5.6　DOM 对象模型图

2) document 对象的属性

document 对象的属性见表 5-1。

表 5-1　document 对象的属性

属　　　性	描　　　述
title	设置文档标题，等价于 HTML 的 title 标签
bgColor	设置或获取表明对象后面的背景颜色的值
fgColor	设置或获取文档的前景(文本)颜色
linkColor	设置或获取元素中未单击过的超链接颜色
alinkColor	设置或获取元素中所有激活链接(焦点在此链接上)的颜色
vlinkColor	设置或获取元素中已单击过的超链接颜色
charset	设置或获取用于解码对象的字符集
cookie	设置或获取 cookie 的字符串值
defaultCharset	从当前的区域语言中获取默认字符集
doctype	获取与当前文档关联的文档类型声明
documentElement	获取对文档根结点的引用
fileCreatedDate	获取文件创建的日期
fileModifiedDate	获取文件上次修改的日期
fileSize	获取文件大小
URL	设置 URL 属性，从而在同一窗口打开另一网页
lastModified	获取页面上次修改的日期，如果页面提供的话
all[ ]	返回对象所包含的元素集合的引用
anchors[ ]	获取所有带有 name 和/或 id 属性的 a 对象的集合，此集合中的对象以 HTML 源顺序排列
childNodes[ ]	获取作为指定对象直接后代的 HTML 元素和 TextNode 对象的集合
forms[ ]	获取以源顺序排列的文档中所有 form 对象的集合
images[ ]	获取以源顺序排列的文档中所有 img 对象的集合
links[ ]	获取文档中所有指定了 href 属性的 a 对象和所有 area 对象的集合
scripts[ ]	获取文档中所有 script 对象的集合
frames[ ]	获取给定文档定义或与给定窗口关联的文档定义的所有 window 对象的集合

3) document 对象的方法

document 对象的方法见表 5-2。

表 5-2　document 对象的方法

方　　法	描　　述
createAttribute( )	以指定名称创建 attribute 对象
createComment( )	以指定数据创建 comment 对象
createDocumentFragment( )	创建一个新文档
createElement(Tag)	为指定标签创建一个元素的实例
createEventObject( )	生成当使用 fireEvent 方法时用于传递事件相关信息的 event 对象
createStyleSheet( )	为文档创建样式表
createTextNode( )	从指定值中创建文本字符串
detachEvent( )	从事件中取消指定函数的绑定,这样当事件触发时函数就不会收到通知
getElementById(id)	取得指定 id 对象的引用
getElementByName(name)	取得指定 name 对象的引用
getElementsByTagName(tagName)	取得标记 tagName 的元素集合
open( )	打开一个文档用于收集
close( )	关闭输出流并强制将数据发送到显示屏
write( )	向文档中写入 HTML 或 JavaScript 语句
writeln( )	向文档中写入 HTML 或 JavaScript 语句,并以换行符结束;若在此语句中使用转义字符,需结合<pre></pre>标签使用

其中可以通过 3 种方法获取元素,分别是 getElementById( )、getElementsByName( )、getElementsByTagName( ),即分别依照 Id、Name、Tag 来获取元素,在同一文件中,ID 是具有唯一性的,所以 getElementById(id)的回传值是单一值可以直接使用,而其他方法则会传回一个依照具有该属性的元素在文件中出现顺序排列的阵列,使用时必须指定阵列编号,如:array[0]代表第一个元素。

【实例 5-1】document 对象的应用。

实例要求获取在"提示对话框"中输入的 RGB 颜色代码,并在"确认对话框"中进一步确定其值是否有效(不为空值和 null 值),若为有效值即可将页面的背景色改成自定义的 RGB 颜色,同时将页面的标题设置为"在页面中自定义背景色",否则返回到"提示对话框"的待输入状态。

(1) 利用编辑器编辑如下代码,并将文件保存为"sl5-1.html"。

```
<html>
<head>
<meta charset="gb2312">
<title>实例 5-1 document 对象的应用</title>
<script>
function welcome(){
  var i=0;
  document.write("请注意页面的背景色");              //在页面中输出引号内的文本
  while (!i){
```

```
     var color="请输入要显示的背景色(请输入有效值)：";
     var default_color="#ffffff";
     var name=prompt(color,default_color);          //弹出提示对话框
     i=confirm("确认你输入的颜色是\""+name+"\"吗？");   //弹出确认对话框
     if ((name=="")||(name==null))
        i=0;
    }
    document.bgColor=(""+name+"");                   //设置背景颜色
    document.title="在页面中自定义背景色";
}
</script>
</head>
<body onload="welcome()">
</body>
</html>
```

代码通过<body>中对事件 onload 的响应调用函数 welcome( )，函数中变量 i 用来控制循环体的执行，当在"提示对话框"中输入空值或单击"提示对话框"中的【取消】按钮(返回值为 null)时，i=0，此时返回执行语句"name=prompt(color,default_color);"，直到输入有效的 RGB 颜色代码，并单击"提示对话框"中的【确定】按钮才能改变页面中的背景色。

(2) 在 Google Chrome 浏览器中浏览该网页，运行效果如图 5.7、图 5.8 和图 5.9 所示。

图 5.7　在"提示对话框"中输入颜色值效果图

图 5.8　弹出"确认对话框"效果图

图 5.9　在页面中自定义背景色案例运行效果图

知识点 2：form 对象

1) form 对象概述

表单对象(form)是文档对象的一个元素，它含有多种格式的对象存储信息，使用它可以在 JavaScript 脚本中编写程序进行文字输入，并可以动态改变文档的行为。form 对象在 HTML 中的表示方式如下所示：

```
<form name="表的名称" target="指定信息的提交窗口" action="接收表单程序对应的 URL"
method="信息数据传送方式(get/post)" enctype="表单编码方式" [onsubmit="JavaScript 代码"]>
<input type="…">
</form>
```

2) form 对象和 form 元素控件的引用格式

(1) form 对象引用格式。

方法一：通过表单名访问表单。在表单对象的属性中首先必须指定其表单名，然后就可以通过下列标识访问表单。例如：

```
document.mytable()
```

方法二：通过数组访问表单。例如：

```
document.forms[0]
document.forms[1]
document.forms[2]
…
```

(2) 表单的基本元素由 text 文本输入框、button 按钮、radio 单选按钮、select 下拉列表框、check 复选框等控件对象组成。在 JavaScript 中要访问这些基本控件元素必须通过特定的表单元素的数组下标或表单元素名来实现。form 元素控件的引用格式如下所示。

方法一：通过表单访问元素。例如：

```
document.form1.name
```

方法二：通过数组访问元素。例如：

```
document.form1.elements[0]
```

方法三：使用 document.getElementById( )方法。例如：

```
document.getElementById("name").value="a"
```

3) form 对象的属性和方法

form 窗体对象的属性对应于页面中表单的属性，其具体属性见表 5-3。

表 5-3　form 窗体对象的属性

属　　性	描　　述
action	表示表单数据所要提交的 URL
method	表示表单以何种方式进行提交，提交表单的方式有 get、post 两种
enctype	数据提交的格式
target	指定服务器返回的结果在哪里显示
name	表单的名称

续表

属　　性	描　　述
Elements	表示表单元素的数组
Length	表单的个数

form 窗体对象的属性主要包括 elements、name、action、target、encoding、method 等，除 elements 外，其他几个属性均反映了表单中标识相应属性的状态，其通常是单个表单标识，而 elements 常常是多个表单元素值的数值。例如：

```
elements[0].mytable.elements[1]
```

form 窗体对象有两个方法，分别为 submit( )方法和 reset( )方法。submit( )方法用于提交一个表单，不需要使用提交按钮就可以提交表单；reset( )方法用于清除一个表单的数据，不需要使用重置按钮就可以重置表单。例如：

```
document.forms[0].submit();
document.forms[0].reset();
```

表单元素对象的基本属性和基本方法见表 5-4 和表 5-5。

表 5-4　表单元素对象的属性

属　　性	描　　述
name	表示表单元素的信息名称
value	用于设定出现在窗口中对应 HTML 文档中 value 的信息
defaultvalue	元素的默认值
length	表示信息的长度
options	组成多个选项的数组
selectIndex	可设置或返回下拉列表框中被选选项的索引号
defaultSelected	默认选项
checked	指明选中或未选中状态
defaultChecked	默认状态

表 5-5　表单元素对象的方法

方　　法	描　　述
blur( )	将当前焦点移到后台
select( )	加亮文字
click( )	单击选中元素
focus( )	获得焦点

表单元素的属性和方法的引用基本格式如下所示。

(1) 表单名.元素名或数组.属性。

(2) 表单名.元素名或数组.方法。

例如：需输出表单或表单元素的数量。

```
document.write(document.forms.length);
document.write(document.form1.elements.length);
```

4) form 常用事件

表单事件就是对元素获得或失去焦点的动作进行控制。可以利用表单事件来改变或失去焦点的元素的样式,这里的元素可以是同一类型或不同类型的多个元素。常用的表单事件见表 5-6。

表 5-6   表单元素对象的事件

事 件	描 述
onFocus( )	当某个元素获得焦点时触发的事件
onBlur( )	当某个元素失去焦点后触发的事件
onSelect( )	当加亮文字后触发的事件
onClick( )	单击某元素时触发的事件
onChange( )	当前元素失去焦点并且元素的内容发生改变时触发的事件
onSubmit( )	用户在提交表单时触发的事件,可验证表单的有效性
onReset( )	用户在提交表单时触发的事件,将表单中各元素的值设置为原始值

【实例 5-2】表单的应用。

实例要求网页中的表单由以下控件组成:一组单选按钮,对应的值分别为"计算机信息管理"(初始时选中此项)、"计算机应用技术";一个下拉列表框,对应的值分别为"请选择"、"2011 级"、"2012 级"、"2013 级"、"2014 级"、"2015 级";一组复选按钮(初始时均为不选状态),对应的值分别为"嵌入式面向对象编程规范"、"网页制作"、"脚本语言与动态网页设计"、"信息系统设计与实施"、"JSP 商务网站设计";两个按钮:"确定"、"重选";一个文本域。要求在选择相应专业和课程并单击【确定】按钮后,能在文本域中显示所选专业及课程名,单击【重选】按钮恢复到初始化状态。

(1) 使用 Dreamweaver,新建网页"sl5-2.html"。在设计视图下选择【插入】|【表单】菜单命令,创建名称为 form1 的表单,选择【插入】|【表单】|【单选按钮组】菜单命令,单选按钮组属性的设置如图 5.10 所示。

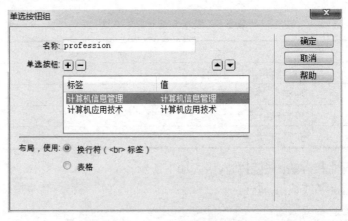

图 5.10   设置单选按钮组属性

(2) 选择【插入】|【表单】|【下拉列表框】菜单命令，下拉列表框属性设置如图 5.11 所示。

图 5.11　设置下拉列表框属性

(3) 选择【插入】|【表单】|【复选框组】菜单命令，复选框属性设置如图 5.12 所示。

图 5.12　设置复选框组属性

(4) 在代码视图中修改<body>…</body>标签间控件所需响应事件的代码，代码如下：

```
<body>
<form id="form1" name="form1" method="post">
 <p>专业</p>
 <p>
    <input name="profession" type="radio" id="RadioGroup1_0" value="计算机信
息管理" checked>
    计算机信息管理
  <br>
    <input type="radio" name="profession" value="计算机应用技术" id="RadioGroup1_1">
    计算机应用技术
</p>
<p>年级</p>
<p>
  <select name="grade" id="grade" onChange="change(this)">
    <option>请选择</option>
    <option value="2011 级">2011 级</option>
    <option value="2012 级">2012 级</option>
    <option value="2013 级">2013 级</option>
    <option value="2014 级">2014 级</option>
    <option value="2015 级">2015 级</option>
  </select>
```

```
    </p>
    <p>可选课程   </p>
    <p>
        <input type="checkbox" name="subject" value="嵌入式面向对象编程规范" id=
"CheckboxGroup1_0">
        嵌入式面向对象编程规范
        <br>
        <input type="checkbox" name="subject" value="网页制作" id="CheckboxGroup1_1">
        网页制作
        <br>
        <input type="checkbox" name="subject" value="脚本语言与动态网页设计" id=
"CheckboxGroup1_2">
        脚本语言与动态网页设计
        <br>
        <input type="checkbox" name="subject" value="信息系统设计与实施" id="CheckboxGroup1_3">
        信息系统设计与实施
        <br>
        <input type="checkbox" name="subject" value="JSP 商务网站设计" id="CheckboxGroup1_4">
        JSP 商务网站设计
    </p>
    <p>
        <input type="button" name="button" id="button" value="确定" onclick="chk(this.form)">
        <input type="button" name="button2" id="button2" value="重选" onclick="clr(this.form)">
    </p>
    <p>选课情况<br>
    </p>
    <p>
        <textarea name="textarea" cols="50" rows="5" id="textarea" ></textarea>
    </p>
</form>
</body>
</html>
```

触发下拉列表框选项的事件为 onChange，此时调用函数 change(this);this 指代当前下拉列表框对象；触发按钮的事件为 onClick，单击【确定】按钮时调用函数 chk(this.form)，单击【重选】按钮时调用函数 clr(this.form)。

(5) 在"sl5-2.html"文件的<head>…</head>标签间添加如下代码：

```
<!doctype html>
<html>
<head>
<meta charset="gb2312">
<title>实例 5-2 form 对象的应用</title>
<script>
var array=new Array();
function change(subname){
count=subname.selectedIndex;
array[count]=subname.options[count].value;
}
function chk(subname){
subname.textarea.value=array[count];
for (var i=0;i<subname.profession.length;i++){
if (subname.profession[i].checked)
```

```
        subname.textarea.value=subname.textarea.value+"所选专业及课程名：\n"+"
"+subname. profession[i].value+"\n";
    }
    for (var i=0;i<subname.subject.length;i++){
    if (subname.subject[i].checked){
    subname.textarea.value=subname.textarea.value+"  "+subname.subject[i].
value+"\n";
        }
    }
}
function clr(subname){
subname.textarea.value="";
subname.profession[0].checked=true;
for (i=0;i<subname.subject.length;i++){
subname.subject[i].checked=false;
}
}
</script>
</head>
```

① 在脚本中定义全局变量 array，函数 change(subname)的主要功能是当下拉列表框的选择列表项目发生变化时，数组元素的值为获得 select 控件的每一个 selectedIndex 对应的选项值。selectedIndex 属性可设置或返回下拉列表框中被选选项的索引号，从 0 开始由上到下依次递增，没选中是-1。

② 函数 chk(subname)的主要功能是文本框 textarea 中可以获得单选按钮、下拉列表框、复选框控件中相应选中项目的 value。

③ 函数 clr(subname)的功能为清除所有选择，恢复到初始状态。

(6) 在 Google Chrome 浏览器中浏览该网页，运行效果如图 5.13 所示。

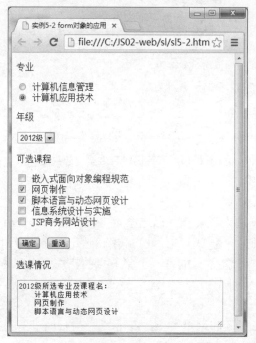

图 5.13　form 表单应用运行效果图

5.2 【案例 9】评选学习之星

➢ **案例陈述**

本案例实现评选学习之星的页面效果：评选者单击"学习之星候选人"栏中的图片后，图片和名字移至"已选学习之星"栏中，反之亦然。单击【全选】按钮可以将"学习之星候选人"栏中的所有人移至"已选学习之星"栏中，单击【清空】按钮可以将"已选学习之星"栏中的所有人移至"学习之星候选人"栏中，单击【选中的学习之星】按钮获取"已选学习之星"栏中的姓名。效果如图 5.14 所示。(本案例效果将作为首页中右下导航图片的超链接页面，具体在后续章节的【案例 13】中实现)

图 5.14 "评选学习之星"效果图

➢ **案例实施**

本例中，"学习之星候选人"栏和"已选学习之星"栏可以使用 DIV 配合 CSS 实现。但要将图片从一个 DIV 移到另一个 DIV 中，通过传统的修改 innerHTML 属性的方法实现比较麻烦，而利用 DOM 结构中一个元素只能有一个父节点的特性则很容易实现，即每当单击图片所在层时，修改其父节点，将图片和文字附加到另一个层(新的父节点中)，这样图片和文字就会自动从当前所在层移除。

(1) 使用 Dreamweaver，新建网页"Case9.html"。在设计视图下插入三行三列无边框表格，在页面中添加如图 5.15 所示的文字和按钮。

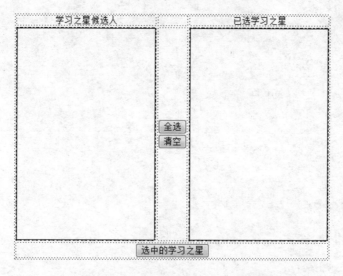

图 5.15　"评选学习之星"编辑界面

(2) 在代码视图中修改<body>...</body>标签间控件所需响应事件的代码，代码如下：

```
<body onload="myMain()">
<h2 align="center">评选学习之星</h2>
<table width="200" border="0" align="center">
  <tr>
    <td align="center">学习之星候选人</td>
    <td></td>
    <td align="center">已选学习之星</td>
  </tr>
  <tr>
    <td><div id="unSelect"></div></td>
    <td><input type="button" value="全选" onClick="moveAll('unSelect','selected')">
<input type="button" value="清空"  onClick="moveAll('selected','unSelect')"></td>
    <td><div id="selected"></div></td>
  </tr>
  <tr>
    <td colspan="3" align="center"><input type="button" value="选中的学习之星"
onClick="getSelectedMembers()"></td>
  </tr>
</table>
</body>
```

响应内容移动的函数为 myMain( )，响应按钮的事件均为 onclick，此时分别调用函数 moveAll('selected','unSelect')，moveAll('selected','unSelect')和 getSelectedMembers( )。

(3) 在<head>...</head>标签间添加如下代码：

```
<head>
<meta charset="gb2312">
<title>案例 9 评选学习之星</title>
<style>
.item{
```

```
   cursor:pointer;
   padding :4px;
   border: none;
   background-color:#FFF;
}
#unSelect,#selected {
   overflow:auto;
   border:solid 1px #008;
   width:200px;
   height : 300px;
   text-align:center;
}
.itemOnMouseOver{
cursor:pointer;
border-bottom:solid 1px #8080FF;
padding :4px;
padding-top :3px;
padding-bottom:3px;
background-color:#9FF;
}
img{
   margin-right :2px;
   width:70px;
height:70px;
border:1px solid gray;
cursor:pointer;

}
</style>
<script>
function init(){
var unSel=document.getElementById("unSelect");
var names="张三,李四,王五,赵六,宋七,刘八,付九,田十".split(",");
var ids="张三,李四,王五,赵六,宋七,刘八,付九,田十".split(",");
for (var i=0;i<names.length;i++){
var div = document.createElement("div");
div.className = "item";
div.onclick=moveMe;
div.onmouseover = function(){
this.className ="itemOnMouseOver";
};
div.onmouseout = function(){
this.className = "item";
};
div.memberId = ids[i];
var img1=document.createElement("img");
img1.src="images/p"+i+".jpg";
div.appendChild(img1);
div.appendChild(document.createTextNode(names[i]));
unSel.appendChild(div);
}
}
```

```
function moveMe(){
var unSel=document.getElementById("unSelect");
//判断当前被单击图片的父节点是哪一个
if(this.parentNode==unSel)
//如果父节点是"学习之星候选人"栏,则将图片移至"已选学习之星"栏
sel.appendChild(this);
else unSel.appendChild(this);
this.className="item";
}
function getSelectedMembers(){
var sel=document.getElementById("selected");
var members=sel.getElementsByTagName("div");
var s="";
for(var i=0;i<members.length;i++){
s+=members[i].memberId;
if(i!=members.length-1)
    s+=",";
}
alert("所选学习之星是"+s);
}
function moveAll(a,b){
var unsel=document.getElementById(a);
var sel=document.getElementById(b);
var members=unsel.getElementsByTagName("DIV");
for(var i=members.length-1;i>=0;i--){
members[i].className="item";
sel.appendChild(members[i]);
}
}
function myMain(){
init();
}
</script>
</head>
```

① 函数 init( )的主要功能是通过 DOM 操作创建元素和文本节点,动态生成图片和文字所在层及内容,使用 CSS 设置鼠标移入移出层的样式变化。

② 函数 moveMe( )的主要功能是判断当前被单击图片的父节点是哪一个,如果父节点是"学习之星候选人"栏,则将图片移至"已选学习之星"栏。

③ 函数 moveAll(a,b)的主要功能是将准备移动的内容移动到目标层中。

④ 函数 getSelectedMembers( )的主要功能是获取"已选候选人"栏中的名单。

➤ **知识准备**

知识点 1:HTML DOM 对象

利用 DOM,JavaScript 可以相对简单地寻找、访问和操作 HTML,从而动态地改变 HTML 页面的内容和外观。HTML 文档的元素描述为一个节点(node)集合,节点有自己的分支,这些分支也是节点,它们之间层次结构的树形结构相连接,构成一个文档树(或节点树),如图 5.16 所示。在 JavaScript 程序中使用 DOM 对象可以动态添加、删除、查询节点,设置节点的属性,程序员使用丰富的 DOM 对象库可以方便地操控 HTML 元素。

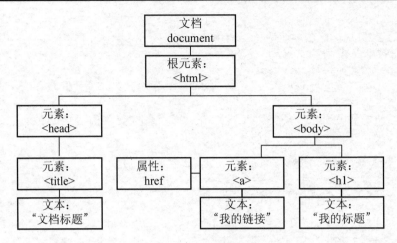

图 5.16　HTML DOM 文档树

在 DOM 树结构中,所有的节点之间都存在关系,除文档节点之外的每个节点都有父节点,属于另一个元素的元素称为子节点,子节点包含的同一级元素(即相同父节点)称为兄弟节点。图 5.17 所示描述了下列代码的树形结构。

```html
<html>
<head>
<meta charset="gb2312">
<title>DOM Case</title>
</head>
<body>
<div id="div1">
<h1><a href="#">DOM Case</a></h1>
<p>Hello World</p>
</div>
<script src="1.js">
</script>
</body>
</html>
```

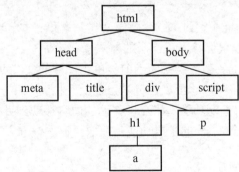

图 5.17　代码的树形结构图

知识点 2：HTML DOM 对象的属性和方法

每个节点都拥有 DOM 的 Node 对象中定义的所有基本属性集和基本方法集。Node 对象的属性记录着与 DOM 内容树相关的关系,包括那些兄弟节点元素、子节点元素和父节点元素。它有一些属性用来记录节点其他相关信息,包括类型、名字以及值。HTML DOM 对象的属性和方法见表 5-7 和表 5-8。

表 5-7 HTML DOM 对象的属性

属 性	说 明
nodeName	对象名称，如 head 元素的名称就是 HEAD
nodeValue	如果不是一个元素，则返回对象值
nodeType	用数字表示的节点类型。元素(Element)节点类型号为 1，属性(Attitude)节点类型号为 2，文本(Text)节点类型号为 3，注释节点类型号为 8，文档节点类型号为 9
parentNode	当前节点的父节点
childNodes	由其子节点组成的 NodeList，前提是存在子节点
firstChild	由子节点组成的 NodeList 中的第一个节点
lastChild	由子节点组成的 NodeList 中的最后一个节点
previousSibling	如果当前节点是位于 NodeList 中的子节点，那么它表示的就是该列表中的前一个节点
nextSibling	如果当前节点是位于 NodeList 中的子节点，那么它表示的就是该列表中的下一个节点
attributes	一个 NamedNodeMap，它是以键/值对形式表示的，是该元素的属性列表(不能应用于其他对象)
innerHTML	它是任意节点的 HTML 内容。可以为该属性指定一个包含 HTML 标签的值，并动态地改变节点的 DOM 子对象

表 5-8 HTML DOM 对象的方法

方 法	说 明
createElement(element)	创建新的元素节点，返回对新节点的对象引用
createTextNode(string)	创建新的文本节点，返回对新节点的对象引用
createAttribute(name)	创建新的属性节点，返回对新节点的对象引用
appendChild(newChild)	为文档添加子节点
setAttributeNode(newChild)	添加新属性节点到方法所属节点的属性集合中
insertBefore(newChild,refChild)	在 refChild 指定的现有节点前插入新节点
replaceChild(newChild,oldChild)	替换现有节点
removeChild(oldChild)	删除现有子节点
hasChildNodes( )	返回对象是否拥有一个或多个子节点的布尔值
cloneNode(bool)	复制节点

【实例 5-3】HTML DOM 对象的应用。

实例要求每"添加下一条记录"就生成新的文本框，在单击【完成添加】按钮时在文本区域中显示所有文本框的内容；并使用 DOM 制作滚动字幕。

(1) 在 Dreamweaver 设计视图下编辑页面，如图 5.18 所示，并将文件保存为"sl5-3.html"。

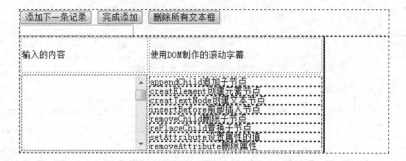

图 5.18　HTML DOM 应用编辑界面图

(2) 在代码视图下修改主要代码，如下所示：

```
<html>
<head>
<meta charset="gb2312">
<title>实例 5-3 DOM 的应用</title>
<style>
#d{
background-color:#eee;
height:100;
width:50;
}
#d div{
font-size:12px;
margin:5px;
padding:5px;
}
</style>
<script>
function add1(){
var aElement=document.getElementById("addHappy");
aElement.appendChild(document.createElement("br"));
var newNode=document.createElement("input");
newNode.type="text";
newNode.name="record";
aElement.appendChild(newNode);
}
function addOver(){
var aElement=document.getElementById("addHappy");
var group=aElement.getElementsByTagName("input");
var string="";//document.getElementById("textarea").value;
for( var i=0;i<group.length;i++)
{
if (group[i].name=="record"){
string+=group[i].value;
string+="\n";
}
```

```
}
document.getElementById("textarea").value=string;
}
function mypush(){
var str=document.selection.createRange().txt;
document.selection.clear();
document.getElementById("textarea2").value+="\n"+str;
}
function deleteAll(){
var tbody=document.getElementById("addHappy");
var c=tbody.childNodes;
for (var i=0;i<c.length-1;i++)
tbody.remove(c[i]);
}
function mar(){
var handler=setInterval(myfunc,500);
var d1=document.getElementById("d");
function myfunc(){
d1.appendChild(d1.firstChild);
}
d1.onmouseover=function(){
clearInterval(handler);
}
d1.onmouseout=function(){
handler=setInterval(myfunc,500);
}
}
</script>
</head>
<body onload="mar()">
<div id="addHappy">
  <input type="button" value="添加下一条记录" onclick="add1()">
  <input type="button" value="完成添加" onclick="addOver()">
  <input type="button" value="删除所有文本框" onclick="deleteAll()">
  <br>
  <input type="text" name="record">
</div>
<div id="overdiv">
<table  border="0">
  <tr>
    <td height="50">输入的内容</td>
    <td height="50">使用 DOM 制作的滚动字幕</td>
    </tr>
  <tr>
    <td height="50"><textarea name="textarea" rows="8" id="textarea"></textarea></td>
    <td width="250">
<div id="d">
<div>appendChild 追加子节点</div>
```

```
<div>creatElement 创建元素节点</div>
<div>creatTextNode 创建文本节点</div>
<div>insertBefore 前部插入节点</div>
<div>removeChild 删除子节点</div>
<div>rePlaceChild 替换子节点</div>
<div>setAttribute 设置属性的值</div>
<div>removeAttribute 删除属性</div>
</td>
</tr>
</table>
</div>
</body>
</html>
```

(3) 在 Google Chrome 浏览器中浏览该网页，运行效果如图 5.19 所示。

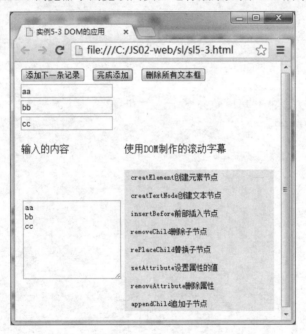

图 5.19 HTML DOM 应用运行效果图

5.3 【案例 10】随滚动条滚动的浮动图片及选项卡切换

➢ 案例陈述

本案例实现两个特效：一个是带关闭按钮的浮动图片特效，即打开主页面时会有一个"漂浮"的图片，当上下拖动滚动条时，图片也跟随，除非单击关闭按钮；另一个是选项卡切换特效，即在主页面中有选项卡【课程动态】、【学术活动】，选中相应的选项卡文字能相互切换。效果如图 5.20 所示。

图 5.20　浮动图片及选项卡切换效果图

➤ 案例实施

(1) 首先实现带关闭按钮的浮动图片。为了让图片保持在页面可视范围内的固定位置，图片的坐标位置应为：0<图片的水平坐标<页面可视范围宽度-图片宽度；垂直滚动条位置<图片的垂直坐标<垂直滚动条位置+页面可视范围宽度-图片宽度；可以通过 document.body. offsetWidth 属性得到页面可视范围宽度，通过 offsetHeight 属性得到页面可视范围宽度。

利用 Dreamweaver，将网页"Case7.html"另存为网页"Case10-1.html"。

① 布局：在页面中插入层(漂浮的)，z 坐标设为 1，然后在层中插入图片，如图 5.21 所示。

图 5.21　布局浮动图片

② 修改主页面中<body>…</body>标签中的代码，将漂浮图片加入到主页面并调用函数。代码如下所示：

```
<html>
<head>...</head>
<body onload="myMain()">
...<!--此处省略主页面中的代码-->
```

```
<div id="closeLayer"  onclick="closeMe()"
 style="position: absolute; left: 182px; top: 131px; width: 27px; height: 32px;
z-index: 2;cursor:pointer;">
<img src="images/close.jpg" width="45" height="19"  alt="" />
</div>
<div id="advLayer" tyle="position:absolute;left:16px;top:129px; width:144px;
height:95px;  z-index:1;" >
<a href="http://www.jssvc.edu.cn">
<img src="images/pic1_move1.jpg" width="211" height="141" alt=""/>
</a>
</div>
</body>
</html>
```

③ 编写脚本：使用 getElementById("advLayer")方法获取层对象，捕捉 onload 事件，变量 advInitTop 保存原始坐标，再捕获鼠标滚动事件 onscroll，改变层对象的位置坐标。修改主页面中<head>…</head>标签中的代码，运行效果如图 5.22 所示，代码如下：

```
<head>
<meta charset="gb2312">
<title>案例 10 带关闭按钮的浮动图片</title>
<script>
...<!--此处省略主页面中的代码-->
var advInitTop=0;
var closeInitTop=0;
function inix(){
advInitTop=document.getElementById("advLayer").style.pixelTop;
closeInitTop=document.getElementById("closeLayer").style.pixelTop;//pixTop
是指图片层距离页面上边界距离的像素值
}
function move(){
document.getElementById("advLayer").style.pixelTop=advInitTop+
document.body.scrollTop;
// document.body.scrollTop 是指获得页面上下滚动时，上面隐藏的高度
document.getElementById("closeLayer").style.pixelTop=closeInitTop+
document.body.scrollTop;
//可以得到要使图片在窗口上保持不变应该距离页面上边界多少像素
}
window.onscroll=move ;              //当页面滚动时调用 move()函数
function closeMe(){
document.getElementById("closeLayer").style.display="none";
document.getElementById("advLayer").style.display="none";
}
function myMain(){
inix();
}
</script>
</head>
```

（2）实现主页面中的选项卡切换。利用 Dreamweaver，将网页"Case10-1.html"另存为网页"Case10-2.html"。

① 布局：删除 content2 层中的"<h1>网页正文 2</h1>"内容，并在其中插入选项卡标签文字"课程动态"、"学术活动"所在层(Menubox)，标签文字对应具体文字内容层(Contentbox)，在 Contentbox 中使用表格布局的方式将具体文字以 li 的方式显示，其中层 Cont_one_2 在编辑时可设置 style 为"display:block"，待修改完毕后再改为"display:none"，布局后的 div 层如图 5.23 所示，布局后的编辑页面如图 5.24 所示。

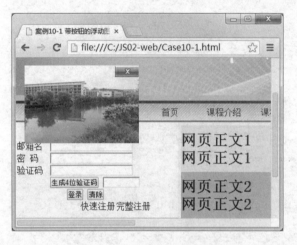

图 5.22　浮动图片运行效果图

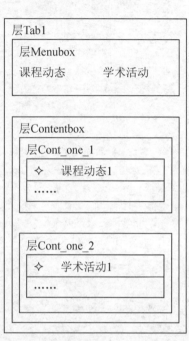

图 5.23　布局后的 div 层

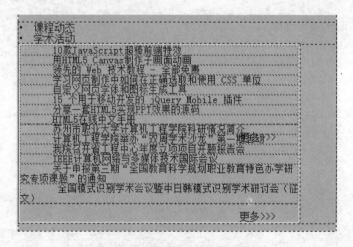

图 5.24　添加选项卡内容编辑图

② 修改"Case10-2.html"的<body>…</body>标签之间的代码，设置相应的内置 style 样式和鼠标移入移出的背景色效果，并添加事件函数，代码如下所示。进一步查看此时的文档结构图，如图 5.25 所示。

```html
<html>
<head>…</head>
<body>
…
<div class="content2">
<!-- 在 content2 中添加以下代码-->
<div id="Tab1"><!--Tab1-->
  <div class="Menubox"><!--Menubox-->
  <ul>
  <li class="selectMenu" id="one1" onClick="setTab('one',1,2)">课程动态</li>
  <li id="one2" onClick="setTab('one',2,2)">学术活动</li>
  </ul>
  </div><!-- Menubox-->
   <div class="Contentbox" style="border: 2px solid rgb(221, 221, 221);
width: 380px; height: 213px;">
   <div id="con_one_1">
   <table width="100%" border="0" cellspacing="0" cellpadding="0">
   <tr onMouseOver="this.style.backgroundColor='#dddddd'" onMouseOut="this.
style.backgroundColor='#ffc'">
   <td>  <IMG alt=">" src="images/title1.gif"> <a
      title="10 款 JavaScript 超棒前端特效"
      href="http://bbs.html5cn.org/thread-12006-1-1.html" target="_blank">10
款 JavaScript 超棒前端特效</a>
   </td>
   </tr>
    <tr onMouseOver="this.style.backgroundColor='#dddddd'" onMouseOut=
"this. style.backgroundColor='#ffc'";>
   <td>  <IMG alt=">" src="images/title1.gif"> <a
      title="用 HTML5 Canvas 制作子画面动画"
      href="http://www.html5cn.org/article-5411-2.html"  target="_blank"> 用
HTML5 Canvas 制作子画面动画</a>
   </td>
   </tr>
    <tr onMouseOver="this.style.backgroundColor='#dddddd'" onMouseOut="this.style.
backgroundColor='#ffc'">
   <td>  <IMG alt=">" src="images/title1.gif"> <a
      title="领先的 Web 技术教程 - 全部免费"
      href="http://www.w3cschool.cn/" target="_blank">领先的 Web 技术教程 - 全部免费</a>
   </td>
   </tr>
    <tr onMouseOver="this.style.backgroundColor='#dddddd'" onMouseOut="this.
style.backgroundColor='#ffc'">
   <td>  <IMG alt=">" src="images/title1.gif"> <a
      title="学习网页制作中如何在正确选取和使用 CSS 单位"
      href="http://www.html5cn.org/article-5777-1.html
" target="_blank">学习网页制作中如何在正确选取和使用 CSS 单位</a>
   </td>
   </tr>
```

```
    <tr onMouseOver="this.style.backgroundColor='#dddddd'" onMouseOut="this.
style.backgroundColor='#ffc'">
    <td>  <IMG alt=">" src="images/title1.gif"> <a
      title="自定义网页字体和图标生成工具"
      href="http://www.html5cn.org/article-5784-1.html" target="_blank">自定
义网页字体和图标生成工具</a>
    </td>
    </tr>
    <tr onMouseOver="this.style.backgroundColor='#dddddd'" onMouseOut="this.
style.backgroundColor='#ffc'">
    <td>  <IMG alt=">" src="images/title1.gif"> <a
      title="15 个用于移动开发的 jQuery Mobile 插件"
      href="http://bbs.html5cn.org/thread-71644-1-1.html" target="_blank">15
个用于移动开发的 jQuery Mobile 插件</a>
    </td>
    </tr>
     <tr onMouseOver="this.style.backgroundColor='#dddddd'" onMouseOut="this.
style.backgroundColor='#ffc'">
    <td>  <IMG alt=">" src="images/title1.gif"> <a
      title="分享一套 HTML5 实现 PPT 效果的源码"
      href="http://bbs.html5cn. org/forum.php?mod=viewthread&tid=2352&from=
portal" target="_blank">分享一套 HTML5 实现 PPT 效果的源码</a>
    </td>
    </tr>
     <tr onMouseOver="this.style.backgroundColor='#dddddd'" onMouseOut=
"this. style.backgroundColor='#ffc'">
    <td>  <IMG alt=">" src="images/title1.gif"> <a
      title="HTML5 在线中文手册"
      href="http://www.html5cn.org/portal.php? mod=list&catid=40" target="_blank"
>HTML5 在线中文手册</a>
    </td>
    </tr>
    </table>
    <span style="margin: 10px 30px 0px 0px; float: right;"><a
      href="Case6.html">更多&gt;&gt;&gt;</a></span>
    </div><!--con_one_1-->
       <div id="con_one_2" style="display: none;">
    <table width="100%" border="0" cellspacing="0" cellpadding="0">
    <tr onMouseOver="this.style.backgroundColor='#dddddd'" onMouseOut="this.
style.backgroundColor='#ffc'">
    <td>  <IMG alt=">" src="images/title1.gif"> <a
      title="苏州市职业大学计算机工程学院科研情况简介"
      href="http://it.jssvc.edu.cn/ReadNews.asp?NewsID=566" target="_blank">
苏州市职业大学计算机工程学院科研情况简介</a>
    </td>
    </tr>
     <tr onMouseOver="this.style.backgroundColor='#dddddd'" onMouseOut="this.
style.backgroundColor='#ffc'">
    <td>  <IMG alt=">" src="images/title1.gif"> <a
```

```
          title="计算机工程学院举办"双周学术沙龙"第一期活动"
          href="http://it.jssvc.edu.cn/ReadNews.asp?NewsID=546" target="_blank">
计算机工程学院举办"双周学术沙龙"第一期活动</a>
      </td>
      </tr>
       <tr onMouseOver="this.style.backgroundColor='#dddddd'" onMouseOut="this.
style.backgroundColor='#ffc'">
      <td>  <IMG alt=">" src="images/title1.gif"> <a
          title="我院召开省工程中心年度立项项目开题报告会"
          href="http://it.jssvc.edu.cn/ReadNews.asp?NewsID=541" target="_blank">
我院召开省工程中心年度立项项目开题报告会 </a>
      </td>
      </tr>
       <tr onMouseOver="this.style.backgroundColor='#dddddd'" onMouseOut="this.
style.backgroundColor='#ffc'">
      <td>  <IMG alt=">" src="images/title1.gif"> <a
          title="IEEE 计算机网络与多媒体技术国际会议"
          href="http://it.jssvc.edu.cn/ReadNews.asp?NewsID=530"
target="_blank">IEEE 计算机网络与多媒体技术国际会议 </a>
      </td>
      </tr >
       <tr onMouseOver="this.style.backgroundColor='#dddddd'" onMouseOut="this.
style.backgroundColor='#ffc'">
      <td>  <IMG alt=">" src="images/title1.gif"> <a
          title= "关于申报第三期"全国教育科学规划职业教育特色办学研究专项课题"的通知"
          href="http://it.jssvc.edu.cn/ReadNews.asp?NewsID=482" target="_blank">
关于申报第三期"全国教育科学规划职业教育特色办学研究专项课题"的通知  </a>
      </td>
      </tr>
        <tr onMouseOver="this.style.backgroundColor='#dddddd'" onMouseOut=
"this. style.backgroundColor='#ffc'">
      <td>  <IMG alt=">" src="images/title1.gif"> <a
          title="全国模式识别学术会议暨中日韩模式识别学术研讨会(征文)"
          href="http://it.jssvc.edu.cn/ReadNews.asp?NewsID=478" target="_blank">
全国模式识别学术会议暨中日韩模式识别学术研讨会(征文)</a>
      </td>
      </tr>
      </table>
      <span style="margin: 10px 30px 0px 0px; float: right;"><a
          href="Case7.html">更多&gt;&gt;&gt;</a></span>
      </div><!--con_one_2-->
    </div><!--Contentbox-->
   </div><!--  Tab1 结束-->
  </div><!--content2 结束-->
  </div>
  <div class="sideRight">
  ...
  </body>
  </html>
```

```
▼<html>
  ▶<head>…</head>
  ▼<body onload="myMain()">
    ▼<div class="container">
      ▶<div class="header">…</div>
      ▶<div style="width:1000px; height:5px; background-color:red;margin:0 auto;">…</div>
      ▶<div id="nav">…</div>
       <!--nav end-->
      ▼<div class="content">
        ▶<div class="sideLeft">…</div>
        ▼<div class="sideMiddle">
          ▶<div class="content1">…</div>
          ▼<div class="content2">
            ▼<div id="Tab1">
               <!--Tab1-->
              ▼<div class="Menubox">
                 <!--Menubox-->
                ▶<ul>…</ul>
                </div>
                 <!--  Menubox-->
              ▼<div class="Contentbox" style="border: 2px solid rgb(221, 221, 221); width:
              380px; height: 213px;">
                ▶<div id="con_one_1">…</div>
                   <!--con_one_1-->
                ▶<div id="con_one_2" style="display: none;">…</div>
                   <!--con_one_2-->
                </div>
                 <!--Contentbox-->
                </div>
                 <!-- Tab1结束-->
              </div>
               <!--content2结束-->
            </div>
          ▶<div class="sideRight">…</div>
          </div>
        ▶<div class="footer">…</div>
         <!--footer结束-->
        ▶<div id="closeLayer" onclick="closeMe( )" style="position: absolute; left: 182px; top:
        131px; width: 27px; height: 32px; z-index: 2;cursor:pointer;">…</div>
        ▶<div id="advLayer" style="position:absolute;     left:16px;
                    top:129px;  width:144px;   height:95px;  z-index:1;">…</div>
      </div>
    </body>
  </html>
```

图 5.25　选项卡文档结构图

③ 对选项卡和文字样式进行 CSS 样式设置，初始状态时"学术活动"具体文字内容层为隐藏。新建 CSS 样式表文件为"case10-yangshi.css"，代码如下所示。编辑页面如图 5.26 所示。

```
@charset "gb2312";
/* CSS Document */
body {
margin: 0px; padding: 0px; text-align: center; font-size: 12px;
}
a {
color: rgb(0, 0, 0);font-size: 12px;
}
a:link {
text-decoration: none;font-size: 12px;
}
a:visited {
text-decoration: none;font-size: 12px;
```

```
    }
    a:hover {
    color: rgb(0, 0, 255); text-decoration:underline;font-size: 12px;
    }
    #Tab1 {
    margin: 15px 15px; padding: 0px;
    }
    .Menubox {
    width: 95%; height: 24px; line-height: 24px; border-bottom-color: rgb(168, 194,
159); border-bottom-width: 1px; border-bottom-style: solid;
    }
    .Menubox ul {
    margin: 0px; padding: 0px; color: rgb(255, 255, 255);
    }
    .Menubox li {
    border: 1px solid rgb(226, 239, 232); width: 81px; text-align: center;
margin-right: 3px; float: left; display: block; cursor: pointer;
    }
    .Menubox li.hover {/*移上选项卡标签*/
    padding: 0px; width: 81px; height: 24px; color: rgb(255, 255, 0); line-height:
24px; font-weight: bold; background-image: url("../images/title_bk.jpg");
    }
    .selectMenu {
    padding: 0px; width: 81px; height: 24px; color: rgb(255, 255, 0); line-height:
24px; font-weight: bold;background-image: url("../images/title_bk.jpg");
    }
    .Contentbox {
    height: 181px; text-align: left; padding-top: 8px; clear: both; font-family:
"宋体"; margin-top: 0px;
    background-color:#FFC;
    font-size: 12px;
    }
```

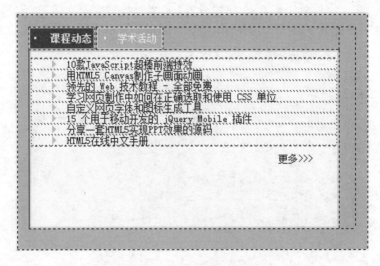

图 5.26　选项卡编辑页面图

④ 将样式表文件"case10-yangshi.css"链入"Case10-2.html"，并添加脚本代码，网页"Case10-2.html"中<head>…</head>之间的代码修改如下：

```
<head>
<meta charset="gb2312">
<title>案例 10-2 选项卡切换</title>
<link href="case10-yangshi.css" rel="stylesheet" type="text/css">
<script>
function setTab(name,cursel,n){
 for(i=1;i<=n;i++){
  var menu=document.getElementById(name+i);
  var con=document.getElementById("con_"+name+"_"+i);
  menu.className=i==cursel?"hover":"";
  con.style.display=i==cursel?"block":"none";
 }
 }
 </script>
</head>
```

(3) 在 Google Chrome 浏览器中浏览该网页，运行结果如图 5.20 所示。

➢ **知识准备**

知识点 1：HTML DOM Style 对象

Style 对象代表一个单独的样式声明，可从应用样式的文档或元素访问 Style 对象，其属性规定元素的行内样式(inline style)，将覆盖任何全局的样式设定。

在 HTML 文档中使用 style 属性：

```
<h1 Style="color:blue; text-align:center">This is a header</h1>
<p Style="color:red">This is a paragraph.</p>
```

在 JavaScript 中使用 Style 对象属性的语法：

```
document.getElementById("id").style.property="值"
```

Style 对象具体属性可见【案例 2】中的表 2-2～表 2-5。表 5-9 主要描述 display 属性和 visibility 属性。

表 5-9　display 属性和 visibility 属性

属　　性	属性值	说　　明
display	none	此元素被隐藏，不会被显示
	block	此元素将显示为块级元素，此元素前后会带有换行符。用该值为对象之后添加新行
	inline	默认。此元素会被显示为内联元素，元素前后没有换行符，按行显示，和其他元素同一行显示
	inherit	规定应该从父元素继承 display 属性的值
visibility	visible	默认值。元素是可见的
	hidden	元素是不可见的。为被隐藏对象保留其物理空间
	inherit	规定应该从父元素继承 visibility 属性的值

display 属性用于定义建立布局时元素生成的显示框类型。适用于所有 HTML 标签，常用于层 div、图片 Img 的显示和隐藏。

visibility 属性规定元素是否可见。这个属性指定是否显示一个元素生成的元素框。这意味着元素仍占据其本来的空间，不过可以完全不可见。

两者的区别是：设置为 display:none 的对象根本不会显示，在页面布局中仿佛该对象根本不存在一样，设置为 visiblity:hidden 的对象仍占据着页面布局的空间，只是该空间看上去是空的。

表 5-10 为常见的页面坐标介绍。

表 5-10　常见页面坐标

属　　性	说　　明
style.top/style.Left	设置或返回对象到页面顶部(左边)的距离，返回的是字符串，除了数字外还带有单位 px
style.pixelTop/style.pixelLeft	设置或返回对象到页面顶部(左边)的距离，返回的是数值
scrollTop/scrollLeft	返回对象最左边(最顶部)到当前窗口显示范围内的左边(顶边)距离，即在出现了滚动条的情况下，滚动条拉动的距离
scrollWidth/scrollHeight	返回内部元素的实际宽度或高度，包含内部元素的隐藏的部分
offsetTop/offsetLeft	返回当前对象到其上级层顶部(左边)的距离，不能对其进行赋值
offsetWidth/offsetHeight	返回当前对象的宽度(高度)，返回的值是宽度(高度)值而不是百分比
clientWidth/clientHeight	返回页面浏览器中内容可视区域的宽度或高度，一般是最后一个工具栏以下到状态栏以上的这个区域，与页面内容无关
clientTop/clientLeft	返回对象的 offsetTop (offsetLeft)属性值和到当前窗口上方(左边)的真实值之间的距离

【实例 5-4】层的显示和隐藏特效。

实例的初始页面上有地点文字和【选择/修改】按钮，当单击该按钮时，能出现选择地点的层，鼠标移入相应地点文字时，文字会变成红色和手形，单击【选择/修改】按钮后，能将【选择/修改】按钮上的文字变成所选地点。

(1) 利用 Dreamweaver，在设计视图中插入表单和按钮，在相应位置添加可见层，并在层中添加表格、文字和超链接，编辑好的页面如图 5.27 所示，将文件保存为"sl5-4.html"。

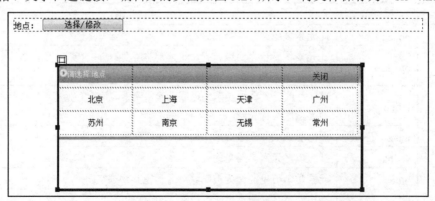

图 5.27　层的显示和隐藏编辑页面图

(2) 在代码视图中修改代码，代码如下所示：

```
<html>
<head>
<meta charset="gb2312">
<title>实例 5-4 HTML DOM Style 对象</title>
<style>
A {
color: blue;
text-decoration: none;
    }
  a:hover{ /*鼠标在超链接上悬停时变为红色*/
   color: red;
    }
#placeLayer {
position:absolute;
left:80px;
top:80px;
width:483px;
height:194px;
z-index:2;
background-color: #FFFFFF;
background-image: url(images/layerBack.jpg);
 display:none /* 注意：在制作时，先插入层，然后人工修改层样式 display: none 即可，教学
时注销该行即显示层。*/
  }
 -->
</style>
<script>
function showMe()
{
document.getElementById("placeLayer").style.display="block";
}
function selectPlace(place)
{
  document.myform.placeButton.value=place;
  document.getElementById("placeLayer").style.display="none";
}
function closeMe()
{
  document.getElementById("placeLayer").style.display="none";
}
</script>
</head>
<body>
<form name="myform">
地点: <input name="placeButton" type="button" class="picButton" value="选择/
修改" onClick=" showMe()"></form>
  <div id="placeLayer" style="background-repeat:no-repeat">
   <table width="476" height="109" border="0" cellspacing="0" style="font-size:12px">
    <tr align="center">
      <td> </td>
```

```
      <td> </td>
      <td> </td>
      <td><A href="JavaScript: closeMe()">关闭</A></td>
   </tr>
   <tr align="center">
      <td><A href="JavaScript: selectPlace('北京')" >北京</A></td>
      <td><A href="JavaScript: selectPlace('上海')" >上海</A></td>
      <td><A href="JavaScript: selectPlace('天津')">天津</A></td>
      <td><A href="JavaScript: selectPlace('广州')">广州</A></td>
   </tr>
   <tr align="center">
      <td><A href="JavaScript: selectPlace('苏州')">苏州</A></td>
      <td><A href="JavaScript: selectPlace('南京')">南京</A></td>
      <td><A href="JavaScript: selectPlace('无锡')">无锡</A></td>
      <td><A href="JavaScript: selectPlace('常州')">常州</A></td>
   </tr>
</table>
</DIV>
</body>
</html>
```

(3) 在 Google Chrome 浏览器中浏览该网页，运行效果如图 5.28 所示。

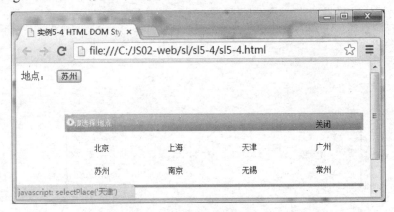

图 5.28　层的显示和隐藏运行效果图

知识点 2：HTML DOM className 属性

className 属性可设置或返回元素的 class 属性。

```
object.className=classname
```

在设计网页尤其在编写 CSS 时，可以使用 DOM API 提供的方法编写获取 className 元素的代码，但在 IE6、IE7、IE8 浏览器中没有这个函数，故需要编写 document.getElementsBy ClassName 方法，此方法就是根据 Class Name 获取元素集合，代码如下：

```
function getElementsByClassName(oElm, strTagName, strClassName){
var arrElements = (strTagName == "*" && oElm.all)? oElm.all :
oElm.getElementsByTagName(strTagName);
var arrReturnElements = new Array();
strClassName = strClassName.replace(/\-/g, "\\-");
var oRegExp = new RegExp("(^|\\s)" + strClassName + "(\\s|$)");
```

```
var oElement;
for(var i=0; i < arrElements.length; i++){
oElement = arrElements[i];
if(oRegExp.test(oElement.className)){
arrReturnElements.push(oElement);
}
}
```

上述代码的原理是先使用 getElementsByTagName("*")取出文档中所有元素，然后进行遍历，使用正则表达式找出匹配的元素放入一个数组返回。document.getElementsByTagName 这个函数是获取指定标签名的节点集，由于 IE5 浏览器不支持 document.getElementsBy TagName("*")，要使用分支 document.all 以防错误。

如果不使用上述代码，也可以直接通过 getElementById( )、getElementsByTagName( )等方法来获取 className；如果改变 className 样式，则需事先在样式表中申明类，但调用时不需要再加 style。

【实例 5-5】className 属性的应用。

实例要求网页中有 4 个按钮，初始状态背景图片为 back1.jpg 且 className 互不相同，即分别为 mybutton1、mybutton2、mybutton3、mybutton4，通过 DOM API 提供的获取元素的方法使前 3 个按钮的 className 相同，并将其背景图片变为 back2.jpg。

(1) 利用编辑器编辑如下代码，并将文件保存为 "sl5-5.html"。

```
<html>
<head>
<meta charset="utf-8">
<style>
.mybutton1,.mybutton2,.mybutton3,.mybutton4{
background-image:url(images/back1.jpg);
}
.mybutton{
background-image:url(images/back2.jpg);
}
</style>
<script>
function changeStyle(){
document.getElementById("mybutton1").className="mybutton";/*通过 getElementById()
获取 class 为 mybutton1,并更改为 mybutton*/
document.getElementsByTagName("input")[1].className="mybutton";//通过 getElements
ByTagName() 获取 class 为 mybutton2,并更改为 mybutton
}
</script>
<title>实例 5-5 className 属性的应用</title>
</head>
<body>
<input type="button" class="mybutton1" name="mybutton1" id="mybutton1" value="
样式-ID" style="width:82px; height:23px; " onclick= "changeStyle()">
<input type="button" class="mybutton2" name="mybutton2" id="mybutton2" value="
样式-Tag" style="width:82px; height:23px; " onclick= "changeStyle()">
<input type="button" class="mybutton3" name="mybutton3" id="mybutton3" value="
样式-this" style="width:82px; height:23px; " onclick="this.className='mybutton'">
```

```
//直接改变class,申明类在前,调用时不需要加 style
    <input type="button" class="mybutton4" name="mybutton4" id="mybutton4" value=
"   背   景   色   "      style="width:82px;      height:23px;      "
onclick="this.style.background='#ff0000'" >//直接改变样式须加 style
    </body>
    </html>
```

(2) 在 Google Chrome 浏览器中浏览该网页,运行效果如图 5.29 所示。

图 5.29　className 属性应用效果图

5.4　本　章　小　结

本章节主要介绍 JavaScript 中 DOM 对象的使用,详细介绍了 DOM 中节点的概念和如何访问节点,重要介绍了 document 对象、form 对象和 Style 对象的定义、属性和方法,还介绍了 HTML DOM className 属性。通过本章的学习,读者可以使用 DOM 对象中的属性和方法实现表单特效和层显示/隐藏等特效。

5.5　习　　题

1．选择题

(1) 在 JavaScript 语言中,要表示文本的背景颜色可使用(　　)属性。

    A．document.bgColor　　　　　　　　B．window.bgColor

    C．document.fgColor　　　　　　　　D．window.fgColor

(2) 下面(　　)不是 document 对象的方法。

    A．getElementsByTagName( )　　　　B．getElementById( )

    C．write( )　　　　　　　　　　　　D．reload( )

(3) 下列(　　)不是 document 对象的属性。

    A．forms　　　　　B．links　　　　　C．location　　　　D．images

(4) 获取页面中超链接的数量的方法是(　　)。

    A．document.links.length　　　　　　B．document.length

    C．document.links[1].length　　　　　D．document.links[0].length

(5) 某网页中有一个窗体对象 mainForm,该窗体对象的第一个元素是文本框 username,表述该元素对象的方法是(　　)。

    A．document.forms.username　　　　　B．document.mainForm.username

    C．document.forms.UserName　　　　　D．document.MainForm.UserName

(6) 某网页中有一个窗体对象，其名称是 mainForm，该窗体对象的第一个元素是按钮，其名称是 myButton，表述该按钮对象的方法是(　　)。

    A．document.forms.myButton　　　　B．document.mainForm.myButton

    C．document.forms[0].element[0]　　D．以上都可以

(7) 关于调用对象方法 write( )，正确的描述是(　　)。

    A．document.write( )　　　　　　　B．window.write( )

    C．document. window.write( )　　　　D．以上选项均错

(8) DOM 元素不包括(　　)。

    A．文本　　　　　B．元素　　　　C．文本与元素混合　　D．标签

(9) 页面上有一个文本框和一个类 change，change 可以改变文本框的边框样式，那么使用下面的(　　)不能实现当鼠标指针移到文本框上时，文本框的边框样式发生变化。

    A．onMouseover="className='change'";

    B．onMouseover="this.className='change'";

    C．onMouseover="this.style.className='kchange'";

    D．onMouseMove="this.style.border='solid 1 px #ff0000'";

(10) 在节点<body>下添加一个<div>，正确的语句为(　　)。

    A．var div1=document.createElement("div")；document.body.appendChild(div1)；

    B．var div1=document.createElement("div")；document.body.deleteChild(div1)；

    C．var div1=document.createElement("div")；document.body.removeChild(div1)；

    D．var div1=document.createElement("div")；document.body.replaceChild(div1)；

2．填空题

(1) 在 DOM 对象模型中，history 和 document 对象位于 DOM 对象模型的第_____层。

(2) document 对象中的属性数组，必然有相应的属性值 length。该属性代表整个数组元素的个数，也就是网页_____的个数。

(3) 在 JavaScript 中，要改变页面文档的背景色，需要修改 document 对象的_____属性。

(4) 在 JavaScript 语言中，要表示超链接的颜色可使用的属性是_____。

(5) 可以设置或返回元素的 class 属性名称是_____。

(6) 可以设置元素可见的属性是_____和_____。

(7) 插入节点的函数为_____。

(8) 按标签名取元素集的函数为_____。

3．判断题

(1) window 对象是一个文档、链接或历史对象组的顶层对象。　　　　　　　　(　　)

(2) 表单对象的方法是表单对象为完成需求而调用的方法。　　　　　　　　　(　　)

(3) onError、onLoad、onFocus、offFocus 都是窗口对象的事件处理程序。　　(　　)

(4) selectedIndex 表示该对象的所选项目的索引值。　　　　　　　　　　　　(　　)

(5) DOM 是对象化的 XML 数据接口，一个与语言和平台有关的标准接口规范。(　　)

(6) nodeType 属性返回用数字表示的节点类型，其值可以设置。　　　　　　(　　)

4. 操作题

(1) 编写如图 5.30 所示的网页效果，实现如下功能：在前两个文本框中输入数值后，单击【求和】按钮可在第三个文本框中输出结果。

(2) 使用 RadioButton 实现以下效果：根据单选按钮中选择的相应颜色将颜色名显示在文本框内；选择黑色时，网页背景色为黑色，字体颜色为黄色；选择其他颜色，网页背景色根据所选颜色变换，字体颜色为黑色。网页背景色默认初始值为白色。效果图如图 5.31 所示。

图 5.30　求和效果图

图 5.31　RadioButton 效果图

(3) 通过选择单选按钮【12 小时制】或【24 小时制】，可以在文本框中动态显示当前时间，小时、分、秒数都以两位数字表示。运行效果如图 5.32 所示。

图 5.32　分时制动态显示时间效果图

(4) 实现如图 5.33 所示的滑过菜单效果：鼠标移上"个人信息"能显示下一级子菜单，移开则不显示。

图 5.33　滑过菜单效果图

第 **6** 章　　BOM 对象

　　浏览器对象模型(Browser Object Model，BOM)是 JavaScript 中定义而由浏览器提供的对象，嵌入在网页中的 JavaScript 脚本可以通过这些对象提供的属性和方法操作当前的浏览器窗口，浏览器对象的属性和方法也可能会因为浏览器的不同而出现差异。

学习目标

知识目标	技能目标	建议课时
(1) 熟悉 JavaScript 中的 BOM 模型 (2) 熟悉 window 对象、history 对象、screen 对象、images 对象和 location 对象的常用属性、方法和事件	(1) 能够熟练使用 BOM 模型中 window、history、images 和 location 对象的常见属性、方法和事件 (2) 能够熟练使用 window 对象的 open( )、setTimeout( )、alert( )、close( )等常用方法以及属性实现特效 (3) 能够熟练使用 screen 对象和 images 对象实现图片轮显等特效	6 学时

6.1 【案例 11】在线脚本编辑器

➢ **案例陈述**

本案例实现"课程学习—脚本调试"超链接页面，主要功能是实现在线脚本编辑器。单击如图 6.1 所示的【开始】按钮弹出对话框提示"你确定要开始么？"，单击【确定】按钮可以进入在线脚本编辑页面，如图 6.2 所示，在脚本编辑页面的文本框里输入 JavaScript 代码后，单击【运行代码】按钮，可以在新窗口中显示运行输入的 JavaScript 代码结果；单击【清除代码】按钮可将文本区域清空，如果之前打开过窗口，则单击【返回上一页】按钮可以返回到上一页面，如果直接打开的是图 6.2 的窗口，则单击【返回上一页】按钮会弹出提示"该窗口没有打开过其他网页，按钮失效！"；新窗口于 10 秒后自动关闭。

图 6.1 在线脚本编辑器效果图 1

图 6.2 在线脚本编辑器效果图 2

➤ **案例实施**

(1) 使用 Dreamweaver，新建网页"Case11-1.html"，编辑如图 6.3 所示页面。

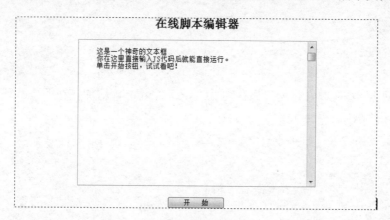

图 6.3　编辑页面图 1

(2) 新建 CSS 样式表文件"case11-scriptcss.css"，并链入到网页"Case11-1.html"中，代码如下所示：

```
h2{
background-color:#F96;
border:#F66 5px dotted;
color:#FFF;
font-family:"楷体";
}
#runcode0{
background-color: #FFF59B;
border: 4px double #F96;
padding: 5px;
}
```

(3) 在网页"Case11-1.html"中修改代码，如下所示：

```
<html>
<head>
<meta charset="gb2312">
<title>案例 11-1 在线脚本编辑器</title>
<link href="css/ case11-scriptcss.css" rel="stylesheet" type="text/css">
<script>
function begin1(){
if (window.confirm("你确定要开始么？"))
window.location.href="Case11-2.html";
}
</script>
</head>
<body>
 <form name="myform">
    <center>
    <h2>在线脚本编辑器</h2><p>
<textarea name="runcode" cols="60" rows="20" id="runcode0">
```

```
这是一个神奇的文本框
你在这里直接输入 JS 代码后就能直接运行。
单击开始按钮,试试看吧! </textarea></p>
<input id="0" type="button" value="开始" onclick="begin1()" />
    </center>
</form>
</body>
</html>
```

(4) 再将网页"Case11-1.html"另存为"Case11-2.html",增加按钮并修改代码。编辑页面如图 6.4 所示,代码如下所示:

```
<html>
<head>
<meta charset="gb2312">
<title>案例 11-2 在线脚本编辑器</title>
<link href="css/scriptcss.css" rel="stylesheet" type="text/css">
<script>
function runCode(){
HTMLtest=document.myform.runcode.value;
testwin=window.open("","testwin1","toolbars=0,scrollbars=0,location=0,
statusbars=0,menubars=0,resizable=1,width=300,height=150");
    testwin.document.open();
    testwin.document.write(HTMLtest+"<hr>水平线以上显示内容为运行结果<br>新窗口将于
10 秒后自动关闭");
    setTimeout("testwin.close()",10000);
    }
function home(){
if (history.length==1)
    alert("该窗口没有打开过其他网页,按钮失效! ");
    else history.go(-1);
}
</script>
</head>
<body>
 <form name="myform">
    <center>
    <h2>在线脚本编辑器</h2>
    <p>
     <textarea name="runcode" cols="60" rows="20" id="runcode0"></textarea>
    </p>
    <p>
     <input id="0" type="button" value="运行代码" onclick="runCode()" />
     <input id="0" type="reset" value="清除代码"/>
     <input id="02" type="button" value="返回上一页" onClick="home()" />
    </p>
    </center>
</form>
</body>
</html>
```

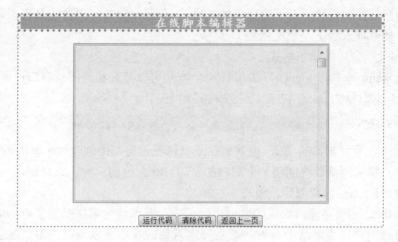

图 6.4　编辑页面图 2

➤ 知识准备

知识点 1：浏览器对象的层次关系

图 6.5 所示的是浏览器对象及层次关系：其中顶层对象有 window 对象，它用来表示浏览器所打开的窗口。二级对象有 screen 对象存放着有关显示浏览器屏幕的信息；history 对象用来存储客户端最近访问过的网页清单；document 对象代表当前的 HTML 对象，document 对象的下级对象有锚点对象 anchor、链接对象 link、图象对象 image、表单对象 form，form 的下级对象有 text、textarea、radio、checkbox、button、option、reset、submit、select 等子对象；location 对象，它代表窗口的 URL 信息；frames 对象用于表现 HTML 页面当前窗体中的框架集合。

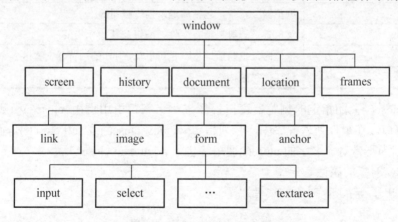

图 6.5　浏览器对象的层次关系图

知识点 2：window 对象

1）window 对象概述

window 对象代表的是一个浏览器窗口或一个框架，它是全局对象，所有的表达式都在当前的环境中计算。通过 window 对象可以控制窗口的大小和位置、弹出对话框的类型、打开窗口与关闭窗口，还可以控制窗口是否显示地址栏、工具栏和状态栏等栏目。不同浏览器的界面也有所不同，例如本书所使用的 Google Chrome 浏览器采用标签栏置顶、无状态栏、搜索栏和地址栏合并的简洁界面设计。对于窗口中的内容，window 对象可以控制是否重载网页、是否返回上一个文档或前进到下一个文档。

2) 打开和关闭窗口的语法格式

通过 JavaScript 脚本的 open( )方法和 close( )方法可以打开和关闭新窗口。

使用 window 对象的 open( )方法的语法格式如下：

```
windowVar=window.open(url,windowname[,windowfeature]);
```

url：指向一个目标窗口的 url，也就是在某个浏览器窗口中创建这个新的窗口。如果 url 这个参数为空，那么浏览器将创建一个空白的窗口。在创建窗口时也可以使用 write( )方法来创建动态的 HTML 语句以便创建新窗口。

windowname：是创建窗口对象的名字，赋予窗口对象一个名字是为了以后通过调用该名字来访问该窗口对象，当然这个参数并非是一定需要的，也可以不赋予窗口名字。如果使用 window 对象的 open( )方法创建窗口成功的话，将返回一个窗口对象的句柄，如果没有创建成功则返回一个空值。

windowfeature：是一个用逗号分隔的字符串，列举了窗口的特征，见表 6-1。

表 6-1　窗口的特征

属　　　性	说　　　明
width	窗口的宽度
height	窗口的高度
scrollbars	是否显示滚动条
resizable	设定窗口大小是否固定
toolbar	浏览器工具条，包括后退及前进按钮等
menubar	菜单条，一般包括有文件、编辑及其他一些条目
location	定位区，也叫地址栏，是可以输入 url 的浏览器文本区
direction	更新信息的按钮

window.close( )关闭指定的浏览器窗口。如果不带窗口引用调用 close( )函数，JavaScript 就关闭当前窗口。在事件处理程序中，必须指定 window.close( )或 self.close( )，而不能仅仅使用 close( )，因为不带对象名字的 close( )调用等价于 document.close( )。

3) window 对象的属性

表 6-2 给出了 window 对象的属性。

表 6-2　window 对象的属性

属　　　性	说　　　明
closed	判断窗口是否已被关闭
document	对话框中显示的当前文档
history	提供客户最近访问过的 URL 列表
length	设置或返回窗口中的框架数量
location	包含有关当前 URL 的信息，它提供了重新加载窗口的 URL 的方法
name	设置或返回窗口的名称

续表

属　　性	说　　明
navigator	表示浏览器对象，用于获得与浏览器相关的信息
opener	返回对创建此窗口的父窗口的引用
parent	返回父窗口
screen	表示用户屏幕，提供屏幕尺寸、颜色深度等信息
self	返回对当前窗口的引用，等价于 window 属性
top	返回最顶层的先辈窗口
window	window 属性等价于 self 属性，它包含了对窗口自身的引用
screenX	只读整数。声明了窗口的左上角在屏幕上的 X 坐标
screenY	只读整数。声明了窗口的左上角在屏幕上的 Y 坐标

4）window 对象的方法

除了属性之外，window 对象还拥有很多方法。window 对象的方法见表 6-3。

表 6-3　window 对象的方法

方　　法	描　　述
alert( )	显示带有一段消息和一个确认按钮的警告框
blur( )	把键盘焦点从顶层窗口移开
clearInterval( )	取消由 setInterval( )设置的 timeout
clearTimeout( )	取消由 setTimeout( )方法设置的 timeout
close( )	关闭浏览器窗口
confirm( )	显示带有一段消息以及确认按钮和取消按钮的对话框
focus( )	把键盘焦点给予一个窗口
moveBy(x,y)	可相对窗口的当前坐标把它移动指定的像素
moveTo(x,y)	把窗口的左上角移动到一个指定的坐标
open( )	打开一个新的浏览器窗口或查找一个已命名的窗口
print( )	打印当前窗口的内容
prompt( )	显示可提示用户输入的对话框
resizeBy(x,y)	按照指定的像素调整窗口的大小
resizeTo(x,y)	把窗口的大小调整到指定的宽度和高度
scrollBy(offsetx, offsety)	按照指定的像素值来滚动内容
scrollTo(x,y)	把内容滚动到指定的坐标
setInterval(interval)	按照指定的周期(以毫秒计)来调用函数或计算表达式
setTimeout(function,milliseconds)	在指定的毫秒数后调用函数或计算表达式

【实例 6-1】window 对象的应用。

设计一个有 3 个超链接的页面，单击这些链接可以打开、关闭新窗口以及关闭本窗口。

(1) 利用编辑器编辑如下代码，并将文件保存为 "sl6-1.html"。

```
<html>
<head>
<title>sl6-1 打开和关闭窗口</title>
```

```
<script>
function openwin(){
mywin=window.open("about:blank","","width=300,height=300,resizable=no");
}
</script>
</head>
<body>
<pre>
<a href="JavaScript:openwin();">打开新窗口</a>
<a href="JavaScript:mywin.close();">关闭新窗口</a>
<a href="JavaScript:window.close();">关闭本窗口</a>
</pre>
</body>
</html>
```

① <a>…</a>标签中的 href 属性的值是 JavaScript 语句，即单击此超链接能执行其指定的 JavaScript 脚本。

② 函数 openwin( )调用 window 对象的 open( )方法打开一个大小为 300px×300px 的新窗口。

③ 由于变量 mywin 是全局变量，因此 "mywin.close( );" 这行代码的意思是关闭函数 openwin( )所打开的新窗口。

(2) 在 Google Chrome 浏览器中浏览该网页，运行效果如图 6.6 所示。

图 6.6　打开和关闭窗口案例运行效果图

知识点 3：屏幕(screen)对象

screen 对象包含有关用户屏幕的信息。这些信息只能读取，不可以设置，使用时只要直接引用 screen 对象就可以了，调用格式如下：

```
screen.属性
```

screen 对象的属性见表 6-4。

表 6-4　screen 对象的属性

属　　性	说　　明
availWidth	可用的屏幕宽度，返回访问者屏幕的宽度，以像素计，屏幕宽度减去界面特性
availHeight	可用的屏幕高度，返回访问者屏幕的高度，以像素计，屏幕高度减去系统环境所需要的高度，如窗口任务栏
width	返回以像素表示的屏幕宽度
height	返回以像素表示的屏幕高度

【实例6-2】打开狭长窗口。

实例要求在装载"sl6-2.html"页面的同时，自动打开宽和高均为 300 像素的新窗口"popu1.htm"，此窗口于 3 秒后自动关闭；单击"sl6-2.html"中的超链接文字"使用超链接打开狭长窗口"能够打开高为 200 像素的狭长的窗口。

(1) 利用编辑器编辑如下代码，并将文件保存为"sl6-2.html"。

```
<html>
<head>
<meta charset="gb2312">
<title>实例6-2 打开狭长窗口</title>
<script>
function openMywin(theURL,winName,features){
 window.open(theURL,winName,features);
}
</script>
</head>
<body background="images/main_bg.gif" onload="openMywin('popup1.htm','myname',
'width=300,height=300')">
<a href="#" onclick="openMywin('popup2.htm','','width='+screen.availWidth+',
height=200')">使用超链接打开狭长窗口</a>
</body>
</html>
```

(2) 修改网页"popu1.htm"，在<head>…</head>标签间添加以下源代码：

```
<script>
function closeit(){
setTimeout("window.close()",3000)
}
</script>
```

setTimeout(function, milliseconds)方法在超时 milliseconds(以 ms 为单位)后只调用一次function，而 setInterval( )方法是按一定时间重复调用指定的函数。

(3) 在网页"popu1.htm"的<body>标签中添加代码 onload ="closeit( )"，即修改后的源代码如下所示：

```
<body background="images/main_bg.gif" leftmargin="0" topmargin="0" marginwidth=
"0" marginheight="0" onload ="closeit()">
```

(4) 在 Google Chrome 浏览器中浏览该网页，运行效果如图 6.7 所示。

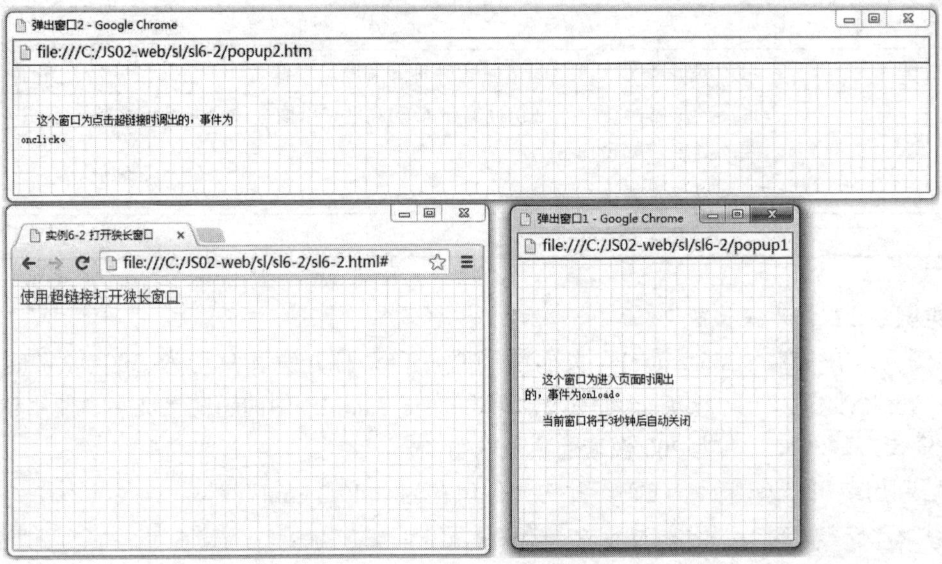

图 6.7 打开狭长窗口效果图

知识点 4：历史记录(history)对象

history 对象包含浏览器的历史。调用格式如下：

```
histroy.属性或方法
```

history 对象的属性为 length，表示返回浏览器历史列表中的 URL 数量。

history 对象的方法见表 6-5。

表 6-5 history 对象的方法

方　法	说　明
back( )	加载历史列表中的前一个 URL，相当于浏览器中的"后退"按钮
forward( )	加载历史列表中的下一个 URL，相当于浏览器中的"前进"按钮
go("url"|number)	加载历史列表中的一个 URL，或要求浏览器中移动指定数字的页面数。如 go(1) 表示前进 1 页，等价于 forward( )方法；go(-1)表示后退 1 页，等价于 back( )方法

6.2 【案例 12】图片轮显特效

➢ 案例陈述

本案例主要将图片轮显特效添加入首页 content1 部分，效果为 3 秒后轮流自动切换到下一幅图片，也可以单击相应编号显示图片。效果如图 6.8 所示。

图 6.8　图片轮显特效

➢ **案例实施**

(1) 使用 Dreamweaver 将网页 "Case10-2.html" 另存为网页 "Case12.html"，在设计视图中布局<div class="content"></div>的内容，代码如下所示：

```
<div class="inturn">
<div >
    <a id="url" href="#"> <img src="images/i1.jpg" id="pic" style="border:0px;"/></a>
    </div>
    <div class="textalt">
    <a href="javascript:changeimg(1);" id="xxjdjj1" class="axx" target="_self">1</a>
    <a href="javascript:changeimg(2);" id="xxjdjj2" class="bxx" target="_self">2</a>
    <a href="javascript:changeimg(3);" id="xxjdjj3" class="axx" target="_self">3</a>
    <a href="javascript:changeimg(4);" id="xxjdjj4" class="axx" target="_self">4</a>
    <a href="javascript:changeimg(5);" id="xxjdjj5" class="axx" target="_self">5</a>
    <a href="javascript:changeimg(6);" id="xxjdjj6" class="axx" target="_self">6</a>
    </div>
</div>
```

(2) 新建样式表文件 "case12-lunxianimg.css"，设置样式代码如下所示：

```
.textalt{background:#CCC;
width:400px;
text-align:right;
top:-10px;
position:relative;
margin:0px;
height:30px;
padding:0px;
border:0px;
}
.pic{
```

```
width:400px;
height:150px;
}
.inturn{
margin: 15px 30px; padding: 0px; width:400px;height:150px;overflow:hidden;
text-overflow:clip;"}
.axx{padding:1px 10px;border-left:#cccccc 1px solid;}
a.axx:link,a.axx:visited{text-decoration:none;color:#fff;line-height:12px;
font:9px sans-serif;background-color:#666;}
a.axx:active,a.axx:hover{text-decoration:none;color:#fff;line-height:12px;
font:9px sans-serif;background-color:#999;}
.bxx{padding:1px 10px;border-left:#cccccc 1px solid;}
a.bxx:link,a.bxx:visited{text-decoration:none;color:#fff;line-height:12px;
font:9px sans-serif;background-color:#D34600;}
a.bxx:active,a.bxx:hover{text-decoration:none;color:#fff;line-height:12px;
font:9px sans-serif;background-color:#D34600;}
```

(3) 在<head>…</head>标签中修改如下代码，链入样式表文件"case12-lunxianimg.css"，并添加 JavaScript 代码，实现图片轮显效果，布局好的页面如图 6.9 所示。

```
<head>
<link href="css/lunxianimg.css" rel="stylesheet" type="text/css">
<script>
var counts=6; //设置幻灯片数量
//设置图片路径
img1=new Image ();img1.src="images/i1.jpg";
img2=new Image ();img2.src="images/i2.jpg";
img3=new Image ();img3.src="images/i3.jpg";
img4=new Image ();img4.src="images/i4.jpg";
img5=new Image ();img5.src="images/i5.jpg";
img6=new Image ();img6.src="images/i6.jpg";
//设置图片的 URL
url1=new Image ();url1.src="images/i1.jpg";
url2=new Image ();url2.src="images/i2.jpg";
url3=new Image ();url3.src="images/i3.jpg";
url4=new Image ();url4.src="images/i4.jpg";
url5=new Image ();url5.src="images/i5.jpg";
url6=new Image ();url6.src="images/i6.jpg";
var nn=1;
var key=0;
function change_img(){
if(key==0){key=1;}
eval('document.getElementById("pic").src=img'+nn+'.src');        //替换图片
eval('document.getElementById("url").href=url'+nn+'.src');       //替换 url
for (var i=1;i<=counts;i++){document.getElementById("xxjdjj"+i).className='axx';}
document.getElementById("xxjdjj"+nn).className='bxx';
nn++;
if(nn>counts){nn=1;}                    //如果 ID 大于总图片数量，则从头开始循环
tt=setTimeout('change_img()',3000);}
//在 3 秒后重新执行 change_img()方法
function changeimg(n){
nn=n;
```

```
window.clearInterval(tt);           //清除用于循环的 tt
change_img();
/*重新执行 change_img();但 change_img()内所调用的图片 ID 已经在此处被修改,会从新 ID 处
开始执行*/
}
…
function myMain(){
makeMenu();
change_img();                       //需要放置在前面,否则不显示效果
window.alert("网站主要提供网页常见特效, 涉及 JavaScript 知识和实现技巧可参详本书相关章
节,希望能在网站设计中给予帮助!");
}
inix();
</head>
```

① 代码中设置全局变量 nn 来标识当前所显示的滚动图 ID, 变量 key 标识是否为第一次开始执行, 如果第一次执行, key 为 1, 表示已执行过一次。

② 函数 change_img( )的作用是实现每隔 3 秒自动切换图片。首先将图片下方的黑条上的所有链接变为未选中状态, 并将当前页面的 ID 设置为选中状态, 判断如果 ID 大于总图片数量, 则从头开始循环。

③ 函数 changeimg(n)的作用是实现单击黑条上的数字链接显示图片。首先将当前页面的 ID 设置为需要单击的 n 数值, 并清除自动切换间隔时间, 重新执行 change_img( )。

图 6.9　布局轮显图片后的页面图

➢　知识准备

知识点 1: 图像(images)对象

在一个网页文档文件中的全部图像组成 images 数组, 该对象数组和 forms 数组一样, 也是 document 对象的一个属性, 用于表示 HTML 网页文档文件中的全部图像信息。要访问

JavaScript 中的第 i 个图像对象，可以使用格式 document.images[i-1]。images 对象与其他以数组形式存放的浏览器对象(如 form 对象、link 对象等)不同，可以动态地修改 images 数组中的值，从而在网页浏览过程中得到动态图像显示效果。images 对象的属性见表 6-6。

表 6-6　images 对象的属性

属　　性	说　　明
src	代表一个本地机图像
border	代表图像的边界
height	代表图像的高度
width	代表图像的宽度
hspace	代表图像的垂直空距
vspace	代表图像的水平空距
name	代表图像的名称
complete	代表图像是否已经装载到浏览器中
prototype	可以向 image 对象加入自定义属性

知识点 2：网址(location)对象

location 对象包含有关当前 URL 的信息。它是 window 对象的一个部分，可通过 window.location 或 location.href 属性来访问。location 对象的属性见表 6-7。

表 6-7　location 对象的属性

属　　性	说　　明
hash	设置或返回从井号(#)开始的 URL(锚)
host	设置或返回主机名和当前 URL 的端口号
hostname	设置或返回当前 URL 的主机名
href	设置或返回完整的 URL
pathname	设置或返回当前 URL 的路径部分
port	设置或返回当前 URL 的端口号
protocol	设置或返回当前 URL 的协议
search	设置或返回从问号(?)开始的 URL(查询部分)

location 对象的方法见表 6-8。

表 6-8　location 对象的方法

方　　法	说　　明
assign("url")	加载 URL 指定的新的 HTML 文档
reload( )	重新加载当前文档
replace("url")	通过加载 URL 指定的新的 HTML 文档替换当前文档

【实例6-3】图片幻灯片播放特效。

实例要求实现单击页面上的图片可显示下一张图片的效果。

(1) 利用编辑器编辑如下代码，并将文件保存为"sl6-3.html"。

```html
<html>
<head>
<meta charset="gb2312">
<title>实例 6-3 图片幻灯片播放特效</title>
</head>
<body>
<script>
var numslides=0;
var currentslide=0;
var slides=new Array();
function MakeSlideShow(){
imgs=document.getElementsByTagName("img");
for(i=0;i<imgs.length;i++){
if( imgs[i].className!="slide")
continue;
slides[numslides]=imgs[i];
if(numslides==0){
imgs[i].style.display="block";
}
else{
imgs[i].style.display="none";
}
imgs[i].onclick=NextSlide;
numslides++;
}
}
function NextSlide(){
slides[currentslide].style.display="none";
currentslide++;
if(currentslide>=numslides)
currentslide=0;
slides[currentslide].style.display="block";
}
window.onload=MakeSlideShow;
</script>
  <img class="slide" src="i1.jpg" width="400" height="150" id="obj"/>
  <img class="slide" src="i2.jpg" width="400" height="150" />
  <img class="slide" src="i3.jpg" width="400" height="150" />
  <img class="slide" src="i4.jpg" width="400" height="150" />
<p>单击图片播放下一张</p>
</body>
</html>
```

① 代码中设置 3 个全局变量 numslides、currentlide 和数组 slide。numslides 用于保存组成幻灯的图像数，currentlide 用于跟踪当前正被显示的幻灯片，slide 用于保存每个幻灯片的图像对象。

② 函数 MakeSlides( )首先使用 getElementsByTagName( )来查找页面中所有的图像，把图像保存到 slides 数组中，并查找 numslides 值为 0 的图像，即数组中的第一张图。如果是第一张图，将其 display 属性设置为 block；否则，设为 none，可以保证一开始只显示一张图。使用 for 循环穷举整个数组中的元素。循环中的第一个 if 语句用于检查图像的 className 属性；如果它不属于 slide，就不执行任何操作，继续循环；最后一句将图像的 onclick 事件处理程序定制为 NextSlide( )函数，同时将变量 numslides 的值加 1。

③ 函数 NextSlide( )首先将当前被单击的图像的 display 属性设置为 none 以隐藏当前的幻灯片，然后将 currentslide 加 1；当用户单击最后一张幻灯片时，if 语句会把变量 currentlide 重新设置为 0，再通过设置新的幻灯图片的 display 来使之显示。

(2) 在 Google Chrome 浏览器中浏览该网页，运行效果如图 6.10 所示。

图 6.10　图片幻灯片播放特效图

6.3　本　章　小　结

本章节主要介绍 JavaScript 中 BOM 对象的使用，重要介绍了 window 对象、screen 对象、history 对象、images 对象和 location 对象的定义、属性和方法。通过本章的学习，读者可以使用 BOM 对象中的属性和方法实现窗口显示、图片显示等特效。

6.4　习　　　题

1. 选择题

(1) 关于浏览器对象之间的从属关系，正确的说法是(　　)。

A. window 对象从属于 document 对象

B. document 对象从属于 window 对象

C. document 对象和 window 对象互不从属

D. 以上选项均错

(2) 以下不是 window 对象的方法的是(　　)。

A. focus( )　　　　B. forward( )　　　　C. close( )　　　　D. reload( )

(3) 下列选项中(　　)可实现刷新当前页面。

　　A．reload(　)　　　　B．replace(　)　　　　C．href(　)　　　　D．referrer(　)

(4) 浏览器对象 screen 可以用于表示(　　)等。

　　A．显示器的颜色设置和分辨率　　　　B．浏览窗口的颜色设置

　　C．浏览窗口的分辨率　　　　　　　　D．浏览窗口的颜色设置和分辨率

(5) 使用 location 对象的(　　)属性能够装载新的页面文件。

　　A．src　　　　　　　B．url　　　　　　　C．href　　　　　　　D．link

(6) href 是(　　)对象的方法。

　　A．location　　　　　　　　　　　　B．navigator

　　C．history　　　　　　　　　　　　D．window

(7) 关于定时器，下面说法正确的是(　　)。

　　A．setInterval(　)不能实现自身的循环定时

　　B．setTimeout(　)能实现自身的循环定时

　　C．在函数体内部使用 setTimeout(　)能够实现函数自身的递归循环调用

　　D．只有 setInterval(　)在使用时能够返回 ID，并可通过该 ID 设置定时结束

2．填空题

(1) JavaScript 中的顶级对象是_____。

(2) 当浏览器分析 HTML 源代码时发现<img></img>标记对时，将自动产生一个_____对象。

(3) window.resizeTo(　)方法的作用是_____，window.resizeBy(　)方法的作用是_____。

(4) _____是响应用户某种需求而弹出的小窗口。这种窗口有 3 种：_____、_____和_____。

(5) 在 HTML 文档对象模型中，history 对象的方法_____用于加载历史列表中的下一个 URL 页面。

(6) navigator 对象可用来描述_____。

(7) screen 对象即屏幕对象，是一个由 JavaScript 自动创建的对象，该对象的作用主要是_____。

(8) screen 对象的_____属性可以用来查看屏幕所使用的颜色深度，也就是屏幕可用颜色数。

3．判断题

(1) history、location 都是 window 窗口的子对象。　　　　　　　　　　　　　　(　　)

(2) 在任何浏览器中，window 对象都不能获取或者失去焦点。　　　　　　　　　(　　)

(3) 有关窗口对象的方法中，显示提示信息，并提供可输入的字段用 prompt(提示字串[,默认值])。　　　　　　　　　　　　　　　　　　　　　　　　　　　　　　　　　　(　　)

(4) 可以通过 location 对象重新加载一个新的页面文档并指定锚点位置。　　　　　(　　)

(5) location 对象的 href 属性和 assign(　)方法使用后效果是相同的。　　　　　　(　　)

(6) 使用 open 方法创建新浏览器窗口时，参数 URL 可以省略，此时新窗口中页面文档为空。　　　　　　　　　　　　　　　　　　　　　　　　　　　　　　　　　　　(　　)

(7) 在浏览器对象模型中，最高层的对象是文档(document)对象。　　　　　　　　(　　)

(8) 用户可以通过改变图片的位置、大小等多个属性，实现图片的动态效果。　　(　)

4. 操作题

(1) 分别使用 window 对象、screen 对象、location 对象的相关属性显示如图 6.11 所示页面内容，同时打开空白新窗口，并于 5 秒后自动关闭。

图 6.11　BOM 对象应用效果图

(2) 实现图片的滚动效果，鼠标悬停时停止滚动，鼠标移开时继续滚动，如图 6.12 所示。

图 6.12　图片的滚动效果图

第 **7** 章　事 件 处 理

　　事件是现代编程语言中非常重要的概念，是用户对页面元素进行一些可被识别的操作。也有一些事件不是由用户操作引发，而是由系统自动引发。不同 HTML 元素能够识别不同的事件。事件处理是 JavaScript 的基本用途之一，加载网页、移动鼠标、在文本区域中输入文本、提交表单都是浏览器中发生的事件，JavaScript 可以对此做出响应。

学习目标

知识目标	技能目标	建议课时
(1) 理解事件、事件处理程序的定义和调用 (2) 熟悉 JavaScript 事件的分类和常用事件的基本使用方法 (3) 熟悉 event 对象的属性 (4) 熟悉正则表达式及RegExp对象	(1) 能够熟练使用键盘事件实现获取所按键等特效 (2) 能够熟练使用正则表达式实现客户端高级表单验证等特效 (3) 能够熟练使用 event 对象和鼠标事件实现鼠标跟踪、获得网页元素坐标等特效 (4) 能够熟练使用页面事件实现防止复制和粘贴等特效 (5) 能够熟练结合 Style 对象和 CSS 属性、表单和鼠标事件实现细边框的文本框、图片背景按钮动态变化等特效	6 学时

7.1 【案例13】树形菜单和随意漂浮图片

➢ **案例陈述**

本案例实现"课程学习—理论知识"超链接页面，如图 7.1 所示主要有两个特效：一个特效是在网页模板中的左栏 sideLeft 实现每一章节知识点的树形菜单，单击章节名可以展开和折叠菜单，单击知识点可以在中栏 sideMiddle 中显示相应知识点的具体内容；另一个特效是在打开页面的同时有随意漂浮的图片，当图片漂浮到窗口的边框时能弹开并往另外的方向漂浮显示在网页区域内；同时将【案例6】和【案例9】的效果合成到本页面中。

图 7.1 "理论知识"页面效果图

➢ **案例实施**

1) 实现树形菜单特效

(1) 使用 Dreamweaver，将网页"Case3.html"另存为网页"Case13-1.html"。树形菜单出现在<div class="sideLeft">…</div>标签中，相应知识点出现在<div class="sideMiddle">…</div>标签中，故需调整原来的布局，即把模板中的层"leftTop"和层"leftBottom"、层"content1"和层"content2"删除。调整后的文档结构如图 7.2 所示，页面效果如图 7.3 所示。

```
▼<html>
  ▶<head>…</head>
  ▼<body onload="myMain()">
    ▼<div class="container">
      ▶<div class="header">…</div>
       <div style="width:1000px; height:5px; background-
       color:red;margin:0 auto;">…</div>
       <!--以下为案例2中导航栏列表-->
      ▶<div id="nav">…</div>
       <!--nav end-->
      ▼<div class="content">
        ▼<div class="sideLeft">
          <h2>此处将层"leftTop"和层"leftBottom"删除，这里将显
          示树形菜单</h2>
        </div>
        ▼<div class="sideMiddle">
          <h2>此处将两层"content1"和"content2"删除，这里将显
          示知识点的具体内容</h2>
        </div>
        ▼<div class="sideRight">
          ▶<div class="rightTop">…</div>
          ▶<div class="rightBottom">…</div>
        </div>
      </div>
      ▶<div class="footer">…</div>
       <!--footer结束-->
    </div>
  </body>
</html>
```

图 7.2　调整布局后的文档结构图

图 7.3　调整布局后的页面图

(2) 使用表格定位，把树形菜单的标题内容添加到<div class="sideLeft">…</div>标签中，如图 7.4 所示，并修改代码设置相应的超链接和响应函数名，代码如下所示：

```
<div class="sideLeft">
<table width="300" border="0">
  <tr class="t1">
    <td ><a href="Javascript:show(1)">第 1 章 HTML+JavaScript+CSS 概述</a></td>
  </tr>
  <tr>
    <td style="display:none" id="1" class="t2">
<a href="Javascript:disknowledge(1)" id="k1">知识点 1 HTML 简述</a><br>
<a href="Javascript:disknowledge(2)" id="k2">知识点 2 Javascript 语言概况</a><br>
<a href="Javascript:disknowledge(3)" id="k3">知识点 3 CSS 概述</a></td>
  </tr>
  <tr class="t1">
```

```
      <td><a href="Javascript:show(2)">第 2 章 HTML＋DIV+CSS 筹备网站</a></td>
    </tr>
    <tr>
      <td style="display:none" id="2" class="t2">
<a href="Javascript:disknowledge(4)" id="k4">知识点 1 HTML 标记的使用</a><br>
<a href="Javascript:disknowledge(5)" id="k5">知识点 2 CSS 的属性</a><br>
知识点 3 DIV+CSS 概述<br>
知识点 4 常用的网页布局结构</td>
    </tr>
     <tr class="t1">
      <td ><a href="Javascript:show(3)">第 3 章 JavaScript 基本语法</a></td>
    </tr>
    <tr>
      <td style="display:none" id="3" class="t2">
<a href="Javascript:disknowledge(6)" id="k6">知识点 1 编写和调试 JavaScript </a><br>
<a href="#" id="k7">知识点 2 数据类型、常量、变量</a><br>
知识点 3 表达式和运算符<br>
知识点 4 各种语句的使用<br>
知识点 5 函数的使用</td>
    </tr>
     <tr class="t1">
      <td ><a href="Javascript:show(4)">第 4 章 JavaScript 内置对象</a></td>
    </tr>
    <tr>
      <td style="display:none" id="4"  class="t2">知识点 1 Javascript 对象概述<br>
        知识点 2 Date 对象<br>
        知识点 3 Array 对象<br>
        知识点 4 String 对象<br>
      知识点 5 Math 对象</td>
    </tr>
</table>
</div>
```

为方便层编辑，在列举子标题如"知识点 1 HTML 简述"所在层时，可先设置 style.display 为 block，等布局完毕后再改为 none。

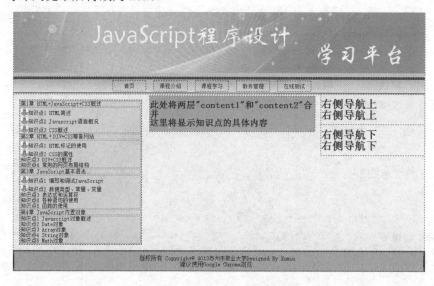

图 7.4　添加树形菜单的布局图

(3) 把知识点的具体内容添加到`<div class="sideMiddle">...</div>`标签中，如图 7.5 所示，并修改代码如下所示：

```
<div class="sideMiddle">
    <div id="knowledge0" class="knowledge">
        <h2>此处将两层"content1"和"content2"合并</h2>
        <h2>这里将显示知识点的具体内容</h2>
    </div>
  <div id="knowledge1" style="display:none;" class="knowledge">
        <h2>HTML 简述</h2>
        <h2 class="text1">HTML 为超文本标记语言(Hyper Text Markup Language)，是用
于描述 Web 页面的格式设计的符号标记语言。通过浏览器识别由 HTML 标记按照某些规则构成的 HTML 程序
文件，并将 HMTL 文件翻译成可以识别的信息，即 Web 网页。
    (1)HTML 是标准通用标记语言(Standard Generalized Markup Language)的一种。HTML 是
WWW(World Wide Web)的描述语言，可以完成 Web 服务器中的信息组织和操作，主要功能是运用标记(Tag)
对文件进行操作以达到预期的效果，即在文本文件的基础上，添加系列的表示符号，用以描述格式与样式，
存储为后缀名为.htm 或.html 的文件。通过专用的浏览器识别，并将 HTML 文件翻译成可以识别的信息，
按照设定的格式与样式将所标记的文件显示在 Web 浏览器中，即成为 Web 浏览的网页。
    (2)HTML 只是一个纯文本文件。创建一个 HTML 文档，只需要两个工具，一个是 HTML 编辑器，一个是
Web 浏览器。HTML 编辑器是用于生成和保存 HTML 文档的应用程序；Web 浏览器是用来打开 Web 网页文件，
提供给我们查看 Web 资源的客户端程序。
        </h2>
    </div>
        <div id="knowledge2" style="display:none;" class="knowledge">
        <h2>JavaScript 语言概况</h2>
        <h2 class="text1">这里将显示知识点的具体内容</h2>
    </div>
        <div id="knowledge3" style="display:none;" class="knowledge">
        <h2>CSS 概述</h2>
        <h2 class="text1">这里将显示知识点的具体内容</h2>
    </div>
        <div id="knowledge4" style="display:none;" class="knowledge">
        <h2>HTML 标记的使用</h2>
        <h2 class="text1">这里将显示知识点的具体内容</h2>
    </div>
        <div id="knowledge5" style="display:none;" class="knowledge">
        <h2>CSS 的属性</h2>
        <h2 class="text1">这里将显示知识点的具体内容</h2>
    </div>
        <div id="knowledge6" style="display:none;" class="knowledge">
        <h2>编写和调试 JavaScript</h2>
        <h2 class="text1">这里将显示知识点的具体内容</h2>
    </div>
</div>
```

为便于设置样式，可把每个知识点的具体内容层 class 名称设置为相同的 knowledge，在编辑状态时设置 style.display 为 block，等布局完毕后再改为 none，如`<div id="knowledge1" style="display:none;" class="knowledge">`。

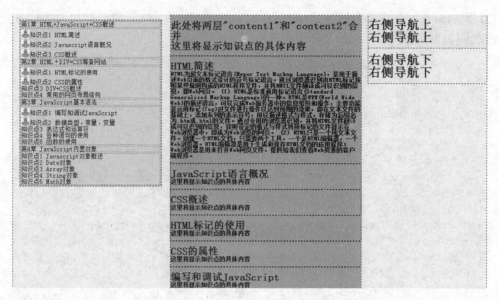

图 7.5　添加知识点具体内容的布局图

(4) 修改"Case13-1.html"中<head>…</head>标签中的内容，添加相应的样式和函数，代码如下所示：

```
<!doctype html>
<html>
<head>
<meta charset="gb2312">
<title>案例 13-1 树形菜单</title>
<style>
.sideMiddle{
float:left;
width: 450px;
background-color:#96C;
margin:5px 5px;
}
.sideLeft {
float:left;
background-color:#990066;
width:300px;
margin:15px 15px;
}
.knowledge{
  width:100%;
  padding:10px 0;
}
h2.text1{
font-size:12px;
}
a{font-size: 13px; color: #000000;text-decoration: none}
a:hover {font-size: 13px; color: #999999}
tr.t1{font-size: 13px;
background-color:#C9F;
```

```
}
td.t2{font-size: 13px;
background-color:#FCF;
}
</style>
<script>
function show(d1){
if(document.getElementById(d1).style.display=="none")
{
document.getElementById(d1).style.display="block";
//如果触动的层处于隐藏状态，即显示
}
else
{
document.getElementById(d1).style.display="none";
//如果触动的层处于显示状态，即隐藏
}
}
function disknowledge(num){
n=7;
for(i=0;i<n;i++){
    var kknow=document.getElementById("knowledge"+i);
    kknow.style.display="none";
}
var know1=document.getElementById("knowledge"+num);
know1.style.display="block";
}
</script>
</head>
```

代码中函数 show(d1)主要功能是单击标题，显示或隐藏其所属的子标题；函数 disknowledge (num)主要功能是单击相应的知识点，把知识点内容所在层显示，其他层隐藏。

添加样式和脚本代码后的编辑页面如图 7.6 所示。

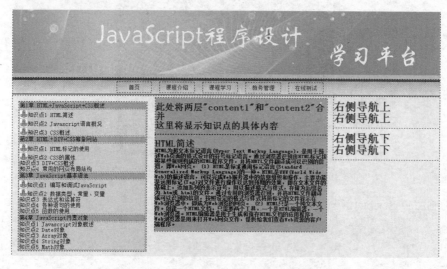

图 7.6　添加样式和脚本代码后的页面图

(5) 在 Google Chrome 浏览器中浏览该网页，运行效果如图 7.7 所示。

图 7.7　树形菜单运行效果图

2) 在网页"Case13-1.html"基础上再添加随意漂浮的图片

(1) 将网页"Case13-1.html"另存为网页"Case13-2.html"，插入图片漂浮层和关闭按钮层，将 CSS 放入到<div>标签之内，如图 7.8 所示，代码如下所示：

```
<div id="ad" style="position:absolute;z-index:10;">
<a href="images/ad.jpg">
<img src="images/ad.jpg" width="280" border="0">
</a>
<div onClick="hidead();" style="font-size: 9pt; cursor: hand" align="right">
关闭&times;</div>
</div>
```

图 7.8　插入图片漂浮层

(2) 添加 JavaScript 代码使图片能漂浮，代码如下所示：

```
<!--此处不能加<!doctype html>-->
<html>
<head>
<meta charset="gb2312">
<title>案例 13-2 随意漂浮的图片</title>
```

```
…//省略 Case13-1.html 中的样式表和 JavaScript 代码
</head>
<body leftmargin="0" topmargin="0" marginwidth="0" marginheight="0"onload=
"myMain()">
<div id="ad" style="position:absolute;z-index:10;">
<a href="images/ad.jpg">
<img src="images/ad.jpg" width="280" border="0">
</a>
<div onClick="hidead();" style="font-size: 9pt; cursor: hand" align=right>
关闭&times;</div>
</div>
<script>
var x = 50,y = 60;
var xin = true, yin = true;
var step = 1;
var delay = 20;
var obj=document.getElementById("ad");//获取移动元素
function floatAD() {//漂浮对象函数
var L=T=0;
var R= document.body.clientWidth-obj.offsetWidth;
var B = document.body.clientHeight-obj.offsetHeight
//获取对象在 y 轴方向上的最大移动值
obj.style.left = x + document.body.scrollLeft//层移动后的右边界
obj.style.top = y + document.body.scrollTop
//层移动后的上边界,对象移动时的初始距顶位置
x = x + step*(xin?1:-1)
/*判断水平方向位置不断更新, 取 1 时, x 值增大, 取-1 时, x 值减小; 表现为漂移对象的位置不断变化*/
if (x < L) { xin = true; x = L }
/*到达边界后的处理: 当 StartLeft 值小于 0 时, xin = true, 取正 1, 表现为对象往 x 轴正方向移动*/
if (x > R){ xin = false; x = R}
/*当 StartLeft 值大于 x 轴方向上的最大移动值时, xin = false, 取负-1, 表现为对象往 x 轴负
方向移动*/
y = y + step*(yin?1:-1)
if (y < T) { yin = true; y = T }
if (y > B) { yin = false; y = B }
}
function hidead(){       //隐藏函数
document.getElementById("ad").style.display="none";
}
//按照指定的周期(以毫秒计)来调用函数
var itl= setInterval("floatAD()", delay)
obj.onmouseover=function(){clearInterval(itl)}
obj.onmouseout=function(){itl=setInterval("floatAD()", delay)}
</script>
<div class="container">…</div>
</body>
</html>
```

① 设置初始变量: x、y 记录浮动图片的初始位置; step 表示移动的距离; delay 表示移动的时间间隔, 时间越短, 移动的频率越高; xin 和 yin 分别表示图片移动的方向, 如果 xin 为真, 则表示向右运动, 否则向左运动, 如果 yin 为真, 向下运动, 否则向上运动。

② 使用 document.getElementById("ad");获取移动元素 obj。

③ 漂浮对象函数 floatAD( )中,首先设 L=T=0 表示左边界和上边界,R 获得层移动的右边界,B 获得层移动的下边界。

然后使图片层的左、上边界为 x、y;再改变 x 的值,根据 xin 的真假决定 x 是增加还是减少,y 也类似地改变。判断新的 x、y 是否到达左、右、上、下边界,如果达到边界则通过改变 xin 和 yin 实现反方向运行。

最后通过 setTimeout 方法实现定时重复调用。

其中,clientWidth 是对象可见的宽度,不包括滚动条等边线,会随窗口的显示大小改变;offsetWidth 是对象的可见宽度,包括滚动条等边线,会随窗口的显示大小改变;R=body 的可见宽度−漂浮对象 obj 的可见宽度,以此获取对象在 x 轴方向上的最大移动值,并赋予 R;scrollLeft 用于设置或获取位于对象左边界和窗口中目前可见内容的最左端之间的距离;document.body.scrollLeft 在此可有可无。

(3) 在 Google Chrome 浏览器中浏览该网页,运行效果如图 7.9 所示。

图 7.9 随意漂浮图片完成效果图

3) 把【案例 6】和【案例 9】合成到理论知识网页

(1) 将网页“Case13-1.html”另存为网页“Case13-3.html”,把下列代码添加到本网页 <head>…</head>标签的<script>…</script>标签中。

```
<script>
function time(){
var  now=new Date();
var hour=now.getHours();
var minutes=now.getMinutes();
var second=now.getSeconds();
if (minutes<10)
minutes="0"+minutes;
if (second<10)
second="0"+second;
a1.innerHTML=hr+":"+minutes+":"+second;/*innerHTML 属性设置或返回表格行的开始和
结束标签之间的 HTML*/
```

```
    setTimeout("time()",1000);
}
…//省略已存在的代码
function myMain(){
makeMenu();
time();
}
</script>
```

(2) 把下列代码添加到网页 "Case13-3.html" 的<div class="rightTop">…</div>标签中。

```
<div class="rightTop">
<script>
var today=new Date();
var day=new Array("日","一","二","三","四","五","六");
var day0=today.getDay();//返回 0～6 可作为数组 day 下标值
var date1 = "今天是"+(today.getFullYear())+"年"+(today.getMonth()+1)+"月"
+today.getDate()+"日<br>星期"+day[day0];
document.write("<center>");
document.write(date1+"<br>");
document.write("<p id='a1'></p>");
var hr=today.getHours();
if(hr>=23||(hr>=0&&hr<6)){
  document.write("午夜时分, 赶快休息吧!");
}
if(hr>=6&&hr<12){
  document.write("上午好, 祝有愉快的一天!");
}
if(hr>=12&&hr<14){
  document.write("午饭时间, 要填饱肚子!");
}
if(hr>=14&&hr<18){
  document.write("下午好, 保持住工作的热情!");
}
if(hr>=18&&hr<23){
  document.write("晚上好, 晚餐吃得满意吗?");
}
document.write("<p id='a2'>您在本网页停留时间</p>");
var second = 0;
var minute = 0;
var hour = 0;
window.setInterval("OnlineStayTime();", 1000);
function OnlineStayTime() {
second++; //秒数加 1
if (second == 60) { //若满 1 分钟
second = 0; //秒数恢复到 0
minute++; //分钟加 1
}
if (minute == 60) {
minute = 0;
hour++;
}
```

```
a2.innerHTML= "您在本网页停留时间" + hour + "小时" + minute + "分" + second+ "秒" ;
}
document.write("</center>");
</script>
</div>
```

(3) 把下列代码添加到网页"Case13-3.html"的<div class="rightBottom">…</div>标签中。

```
<div class="rightBottom">
<div sytle="margin:10px 10px;">
    <center>
    <h1>评选学习之星</h1>
    <p><a href="Case9.html" target="new">
<img src="images/xxzx.jpg" width="200" height="64" alt="" />
</a></p>
    </center>
  </div>
 </div>
```

(4) 在 Google Chrome 浏览器中浏览该网页，运行效果如图 7.1 所示。

➢ **知识准备**

知识点 1：事件的定义

JavaScript 是基于对象的语言，而基于对象的基本特征就是采用事件驱动机制。事件 (Event)是用户与网页交互操作时产生的操作，一般将用户的鼠标和键盘动作称为事件。从广义上讲，JavaScript 脚本中的事件是指从用户载入目标页面到该页面被关闭期间产生的浏览器的动作，以及该页面用户操作的响应。例如，浏览器加载页面完毕是 Load 事件，单击一个按钮是 Click 事件。

知识点 2：事件处理程序的定义

用户的鼠标和键盘动作是事件，由鼠标或键盘引发的一系列程序的动作被称为事件驱动 (Event Driver)，而对事件进行处理的程序或函数，被称为事件处理程序(Event Handler)。

事件驱动是 JavaScript 中事件处理的一种方法，通过事件驱动可以调用 JavaScript 中的函数或方法，也就是说事件驱动是由一个事件引发一个消息再产生一个活动。它的特征是需要触发来激活事件驱动。

事件处理程序是与特定的文本和特定的事件联系在一起的 JavaScript 脚本代码，也就是说，当该文本发生改变或者事件被触发时，就会通知浏览器发生了操作，需要进行处理，然后浏览器执行该代码并进行相应的处理操作，这个过程被称为事件处理。

知识点 3：事件处理程序的调用

在使用事件处理程序对页面进行操作时，最主要的是如何通过对象的事件来指定事件处理程序，其指定方式主要有以下 3 种。

(1) 使用 HTML 标签添加事件处理程序。该方法是直接在 HTML 标记中指定事件处理程序，例如在<body>和<input>标记中指定。

```
<标记……事件="事件处理程序" [事件="事件处理程序" ……]>
```

在以上语法中的事件处理程序可以是 JavaScript 语句，也可是自定义函数，如果是 JavaScript 语句，可以在语句的后面以分号(;)作为分隔符，执行多条语句。例如，完成页面加载和关闭时显示对话框。

```
<body onload="alert('欢迎进入本网页')" onunload="Say();">
```

(2) 指定特定对象的特定事件。该方法是在 JavaScript 的<script>标记中指定特定的对象，以及该对象要执行的事件名称，并在<script>和</script>标记中编写事件处理程序代码。

```
<script language="JavaScript" for="对象" event="事件">
…
//事件处理程序代码
…
</script>
```

例如，用<script>和</script>标记来完成页面加载和关闭时显示对话框。代码如下：

```
<script language="JavaScript" for="window" event="onload">
  alert("欢迎进入本页面");
</script>
<script language="JavaScript" for="window" event="onunload">
  alert("谢谢浏览");
</script>
```

(3) 利用 JavaScript 作为对象的属性来定义事件处理程序。该方法是在 JavaScript 脚本中直接对各对象的事件及事件所调用的函数进行声明，不需要在 HTML 标记中指定要执行的事件。

```
<事件主角 - 对象>.<事件> = <事件处理程序>;
```

【实例 7-1】事件处理程序的调用。

实例要求使用 HTML 标签和利用 JavaScript 作为对象的属性添加事件处理程序。

(1) 利用编辑器编辑如下代码，并将文件保存为"sl7-1.html"。

```
<html>
<head>
<meta charset="utf-8">
<title>实例 7-1 事件处理程序调用</title>
</head>
<body>
<p><a href="JavaScript:alert('hello');">单击我</a></p>
<p><input type="button" name="button1" id="button1" value="欢迎光临">
<script>
function Hello(){
alert("欢迎来到JavaScript 学习平台！");
}
button1.onclick=Hello;
</script>
</p>
</body>
</html>
```

(2) 在 Google Chrome 浏览器中浏览该网页，运行效果如图 7.10 所示。

图 7.10　事件处理程序效果图

7.2　【案例 14】"站内公告"滚动字幕

➤ **案例陈述**

本案例实现滚动字幕特效：使用 JavaScript 操作<ul>元素的<li>列表，实现<li>列表的循环显示，同时设置时间间隔及每次调用的事件，效果如图 7.11 所示。

图 7.11　滚动字幕效果图

➤ **案例实施**

使用 Dreamweaver，将网页"Case12.html"另存为网页"Case14.html"，将以下代码添加至<div class="rightTop">…</div>标签中，包括列表样式设置和滚动字幕所需的 JavaScript 代码。

```
<div class="rightTop">
<div style="margin:15px 15px;">
<h2 align="center">站内公告</h2>
<div style="border:solid 1px gray;background:url(images/main_bg.gif);">
```

```
    <ul id="ulContent" style="overflow:hidden;height:150px;width:195px;padding-
left:15px;list-style:url(images/title1.gif);">
    <div id="liPanel">
    <li><a href="#">滚动字幕效果</a></li>
    <li><a href="#">字幕连续滚动</a></li>
    <li><a href="#">使用 JavaScript 控制 ul li 实现滚动字幕</a></li>
    <li><a href="#">字幕由下向上连续滚动</a></li>
    <li><a href="#">使用 JavaScript 控制 li 的坐标逐步更改,实现字幕滚动</a></li>
    <li><a href="#">鼠标悬停</a></li>
    <li><a href="#">关于作业上交问题</a></li>
    <li><a href="#">公开课程安排表</a></li>
    <li><a href="#">关于调课的通知</a></li>
    <li><a href="#">课程教学跟进计划</a></li>
    </div>
    <div id="liAlternative"></div>
    </ul>
    </div>
    </div>
    <script language="JavaScript" type="text/javascript">
    var ulCont = document.getElementById("ulContent");
    var liPnl = document.getElementById("liPanel");
    var liAltnv = document.getElementById("liAlternative");
    liAltnv.innerHTML = liPnl.innerHTML;
     //将 li 所在 div 的 innerHTML 赋给下面的 div
    function charList(){
    if(liAltnv.offsetHeight - ulCont.scrollTop <= 0)  /*如果 ul 的 scrollTop 大于 li
列表的高度*/
    ulCont.scrollTop -= liPnl.offsetHeight;      //ul 的 scrollTop 减去 li 列表的高度
    else
    ulCont.scrollTop++;                          //ul 元素的 scrollTop 递增
    }
    var charListIntvl = setInterval(charList, 100); /*设置时间间隔事件,每100毫秒触
发一次 charList()事件*/
    ulCont.onmouseover = function() {clearInterval
    (charListIntvl);};              //鼠标进入的事件
    ulCont.onmouseout = function() {charListIntvl =
    setInterval(charList,100);};    //鼠标离开的事件
    </script>
    </div>
```

　　虽然可以使用方法简单的<marquee>标记实现滚动字幕，但是<marquee>不被 W3C 支持，使用<marquee>标记的页面，不再是标准的页面，因此，<marquee>标记已经很少使用。

　　本案例主要调用函数 charScroll( )，其作用是将<ul>元素的第一个<li>列表元素移至最后一个位置。每间隔 400 毫秒调用一次 charScroll( )方法，以实现<li>列表元素的字幕的循环滚动。使用这种方法实现的字幕滚动效果，实际上是字幕的循环跳动，因此字幕的滚动是不连续的。可以通过控制<ul>元素的 scrollTop，控制<ul>元素中放置<li>列表的<div>元素的滚动，以实现字幕的滚动，设置<ul>元素的高度及宽度，同时设置 overflow:hidden，不显示超过<ul>元素尺寸的内容。页面初始化时，将存放<li>列表的<div>元素的 innerHTML 赋给另一个<div>元素。每隔 60 毫秒触发一次改变<ul>元素的 scrollTop 属性的方法，实现字幕连续滚动的效果。

知识点 1：JavaScript 事件分类

1) 页面事件

浏览器是 JavaScript 和用户交互的媒介，当用户进行某个操作从而触发某事件时，浏览器会通知 JavaScript 做出响应，而浏览器本身也可以引发事件发生。页面的常用事件主要有 load 事件和 unload 事件、resize 事件等。

2) 鼠标事件

在图形交互界面环境下，鼠标操作是最常用的操作。鼠标的常用事件主要有 click 事件、mousedown 事件和 mouseup 事件、mousemove 事件、mouseover 事件和 mouseout 事件等。

3) 键盘事件

键盘操作主要是完成输入或代替鼠标实现某些功能，如切换输入焦点等。尽管键盘上按键很多，但用户操作只有一个，就是"按键"，为了区分各个按键以及识别一些特殊操作，以获得更多的按键信息，JavaScript 解释器给所有的键盘事件处理程序对象分配了一些共同的属性作为辅助，存储相应的信息，见表 7-1。键盘的常用事件主要有 keydown 事件、keyup 事件和 keypress 事件等。

表 7-1 键盘事件处理程序对象的属性

属性名	说　明
keyCode	键码值
type	指示各自的事件名称，以字符串的形式表示
layerX, layerY	指示事件发生时鼠标相对于当前层的水平和垂直位置
pageX, pageY	指示事件发生时鼠标相对于当前网页的水平和垂直位置
screenX, screenY	指示事件发生时鼠标相对于屏幕的水平和垂直位置
which	指示键盘按下键对应的 ASCII 码值
modifiers	指示键盘上随着按下键的同时可能按下的修饰键

4) 编辑事件

编辑事件是当浏览器中的内容被修改或移动时所触发的相关事件。它主要是指对浏览器中选择的内容进行复制、剪切、粘贴时的触发事件，是用户用鼠标拖曳对象时所触发的一系列事件的集合。常用的编辑事件主要有 copy 事件、beforecut 事件、beforepaste 事件、select 事件等。

5) 表单事件

表单事件实际上就是对元素获得或失去焦点的动作进行控制。可以利用表单事件来改变获得或失去焦点的元素的样式。常用的表单事件主要有 focus 事件、change 事件、submit 事件、reset 事件等。

6) 滚动字幕事件

字幕滚动事件主要是在<marquee>标记中使用，该事件虽然不能实现复杂的字幕滚动效果，但应用起来十分简单，可使用最少的语句实现字幕滚动效果。常用的滚动字幕事件主要有 bounce 事件、start 事件等。

知识点 2：JavaScript 的常用事件

JavaScript 的常用事件见表 7-2。

表 7-2 JavaScript 的常用事件

类 别	事 件	说 明
页面事件	onAbort	用户中断图片下载时触发此事件
	onBeforeUnload	当前页面将要被改变时触发此事件
	onError	出现错误时触发此事件
	onLoad	页面内容加载完成时触发此事件
	onResize	当浏览器的窗口大小被改变时触发此事件
	onUnload	当前页面将被改变时触发此事件
鼠标事件	onClick	鼠标单击时触发此事件
	ondbclick	鼠标双击时触发此事件
	onMouseDown	按下鼠标时触发此事件
	onMouseUp	按下鼠标再松开时触发此事件
	onMouseOver	鼠标移动到某对象范围的上方时触发此事件
	onMouseMove	鼠标移动时触发此事件
	onMouseOut	鼠标移出某对象范围时触发此事件
键盘事件	onKeyDown	当键盘上的某个按键被按下时触发此事件
	onKeyPress	当键盘上的某个按键被按下并释放时触发此事件
	onKeyUp	当键盘上的某个按键被按下再松开时触发此事件
编辑事件	onBeforeCopy	将页面当前选中的内容复制到浏览者系统的剪贴板前触发此事件
	onBeforeCut	将页面中的一部分或全部内容剪切到浏览者系统剪贴板时触发此事件
	onBeforeEditFocus	当前元素将要进入编辑状态时触发此事件
	onBeforePaste	将内容从浏览者的系统剪贴板粘贴到页面上时触发此事件
	onBeforeUpdate	当浏览者粘贴系统剪贴板中的内容时触发此事件
	onContextMenu	当浏览者单击鼠标右键出现弹出菜单时或者通过键盘按键触发页面菜单时触发此事件
	onCopy	复制页面当前的选择内容时触发此事件
	onCut	剪切页面当前的选择内容时触发此事件
	onDrag	当某个对象被拖动时触发此事件
	onDragEnd	当鼠标拖动结束时触发此事件,即鼠标的按键被释放时
	onDragEnter	当用鼠标将对象拖入其容器范围内时触发此事件
	onDragOver	当用鼠标将对象拖出其容器范围时触发此事件
	onDragStart	当某对象将被拖动时触发此事件
	onDrop	在一个拖动过程中,释放鼠标键时触发此事件
	onLoseCapture	当元素失去鼠标移动所形成的选择焦点时触发此事件
	onPaste	当内容被粘贴时触发此事件
	onSelect	当文本内容被选择时触发此事件
	onSelectStart	当文本内容的选择开始发生时触发此事件
表单事件	onBlur	当前元素失去焦点时触发此事件
	onChange	当前元素失去焦点并且元素的内容发生改变时触发此事件
	onFocus	当某个元素获得焦点时触发此事件
	onReset	当表单的 reset 属性被激活时触发此事件
	onSubmit	提交表单时触发此事件

续表

类 别	事 件	说 明
滚动字幕事件	onBounce	当 marquee 内的内容移动至 marquee 显示范围之外时触发此事件
	onFinish	当 marquee 元素完成需要显示的内容时触发此事件
	onStart	当 marquee 元素开始显示内容时触发此事件

【实例 7-2】常用事件的应用。

实例要求使用鼠标事件、文字编辑事件实现以下特效：当鼠标移入、移出、单击或双击图片时，能在文本框内显示事件名，右击文本框内文字时出现"不允许复制"提示框。

(1) 利用编辑器编辑如下代码，并将文件保存为"sl7-2.html"。

```
<html>
<head>
<meta charset="gb2312">
<title>实例 7-2 常用事件的应用</title>
<script>
function handleEvent(oEvent){
var oTextbox=document.getElementById("txt1");
oTextbox.value+="\n"+oEvent.type;
}
</script>
</head>
<body>
<p>在图片上移动鼠标、单击或双击</p>
<div onmouseover="handleEvent(event)" onmouseout="handleEvent(event)" onmousedown=
"handleEvent (event)" onmouseup="handleEvent(event)" onclick="handleEvent(event)"
ondblclick="handleEvent(event)" id="div1">
<img src="ad.jpg" width="200" height="130"  alt=""></div>
 <p><textarea id="txt1" rows="10" cols="30" oncopy="JavaScript:alert('不允许
复制');return false;" ></textarea></p>
</body>
</html>
```

(2) 在 Google Chrome 浏览器中浏览该网页，运行结果如图 7.12 所示。

图 7.12　常用事件应用效果图

7.3 【案例 15】在线测试系统

➤ **案例陈述**

本案例实现"在线测试"超链接页面，题型主要针对单选题和填空题，单击【交答卷】按钮，可在新窗口中输出测试成绩，如有错误的题目，能给出正确答案；在输入答案到文本框中时计算已输入字数；当移到【姓名】文本框时，能改变文本框边框样式，如果不在其中输入姓名，会出现"请输入姓名"的提示信息；当移到【交答卷】按钮上时，能改变按钮图片样式；测试过程中禁止右击菜单，防止复制作弊。效果如图 7.13 所示。

图 7.13 在线测试效果图

➤ **案例实施**

(1) 在 Dreamweaver 中，新建网页"Case15.html"，并在设计视图中完成页面布局，如图 7.14 所示。

(2) 根据案例效果，需要对单选按钮组添加 onClick 事件，对答案区域添加 onKeyDown 事件和 onKeyUp 事件，对姓名文本框添加 onMouseOver 事件、onMouseOut 事件、onFocus 事件和 onClick 事件，对按钮添加 onClick 事件。在 Dreamweaver 代码视图中修改代码如下所示：

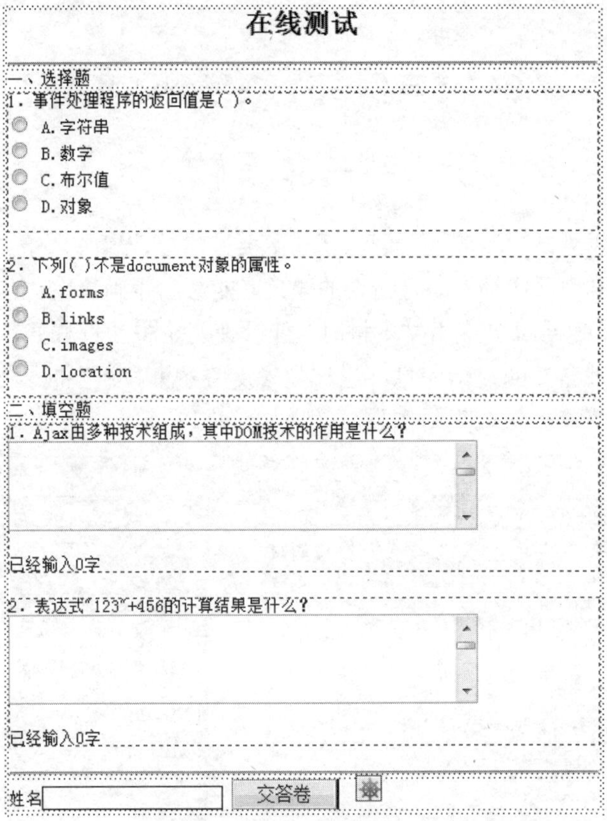

图 7.14　在线测试编辑页面图

```html
<html>
<head>
<meta charset="gb2312">
<title>案例 15 在线测试系统</title>
</head>
<body>
<table width="75%" border="0" align="center">
  <tr>
    <td>
        <h2 align="center">在线测试</h2>
        <hr>
    </td>
  </tr>
  <tr><td>一、选择题</td>
  </tr>
  <tr>
      <td>
      <form>
      <p> 1. 事件处理程序的返回值是(　)。<br>
      <input type="radio" name="q1" value="0">
      A.字符串<br>
      <input type="radio" name="q1" value="0">
      B.数字<br>
```

```
            <input type="radio" name="q1" value="1">
            C.布尔值<br>
            <input type="radio" name="q1" value="0">
            D.对象<br>
          </p>
        </form>
      <form>
        <p> 2. 下列()不是 document 对象的属性。<br>
          <input type="radio" name="q1" value="0">
          A.forms<br>
          <input type="radio" name="q1" value="0">
          B.links<br>
          <input type="radio" name="q1" value="0">
          C.images<br>
          <input type="radio" name="q1" value="1">
          D.location<br>
        </p>
      </form>
      </td>
  </tr>
  <tr>
  <td>二、填空题</td>
  </tr>
  <tr>
  <td>
    <form name="myform2">
      <p>1. Ajax 由多种技术组成，其中 DOM 技术的作用是什么？<Br>
        <textarea id="msgbox" name="msgbox" cols="50" rows="5" onKeyDown= "countChar
('msgbox','counter');" onKeyUp="countChar('msgbox','counter');"></textarea>
      </p>
    <p>已经输入<span id="counter">0</span>字</p>
    </form>
    <form  name="myform2">
      <p>2. 表达式"123"+456 的计算结果是什么？<Br>
        <textarea id="msgbox1" name="msgbox" cols="50" rows="5" onKeyDown="countChar
('msgbox1','counter1');" onKeyUp="countChar('msgbox1','counter1');"></textarea>
      </p>
    <p>已经输入<span id="counter1">0</span>字</p>
    </form>
    <hr>
    </td>
    </tr>
  <tr>
  <form  name="myform">
    <td width="56%">
    姓名<input name="name1" class=boxBorder type="text" id="name1" size="20"
onMouseOver="this.style.borderColor='red'"  onMouseOut="this.style.borderColor=
''" onBlur="nameBlur()" onFocus="showNote()">
  <input type="button" name="Submit" value="交答卷"
    onClick="Grade()" class="mouseOutStyle" onMouseOver="this.className='mouseOverStyle'"
onMouseOut="this.className='mouseOutStyle'">
    </td>
```

```
      </form>
    </tr>
    <tr>
      <td><font color="red" size="2">
      <div style="display:none;" id="note1"></div>
      <div style="display:inline;" id="err1"></div>
      </font>
      </td>
    </tr>
  </table>
</body>
</html>
```

(3) 在<head>…</head>标签之间添加 CSS 样式代码，使用 style 样式属性动态改变文本边框、按钮文字超链接颜色，并使用 className 类名属性动态改变按钮背景图片。代码如下所示：

```
<style>
a{
color: blue;
text-decoration: none;
}
a:hover{ /*鼠标在超链接上悬停时变为红色*/
color: red;
}
.boxBorder{
border-width:1px;
border-style:solid;
}
.mouseOverStyle{
  background-image: url(images/back2.jpg);
  color:#CC0099;
  border:0px;
margin:0px;
padding:0px;
height:23px;
width: 82px;
font-size: 14px;
}
.mouseOutStyle{
  background-image: url(images/back1.jpg);
  color:#0000FF;
  border:0px;
  margin:0px;
  padding:0px;
  height:23px;
  width:82px;
  font-size: 14px;
}
</style>
```

(4) 在<head>...</head>标签中添加<script>...</script>标签，添加事件处理程序。

```
</script>
var Total_test = 2;              // 修改这里与题目数量一致
var Total_test2 = 2;
var Total=Total_test +Total_test2;
var msg = "";                    // 正确答案
var Solution = new Array(Total_test);
Solution[0] = "C.布尔值";
Solution[1] = "D.location"
var Solution2 = new Array(Total_test2);
Solution2[0] ="控制文档结构";
Solution2[1] ="123456";
function GetSelectedButton(ButtonGroup)
{
  var flag=0;
  for (var x=0; x < ButtonGroup.length; x++)
    if (ButtonGroup[x].checked) flag= x;
  return flag;
}
function ReportScore(correct)
{
  var SecWin =window.open("","scorewin","scrollbars,width=300,height=220");
  var MustHave1 = "<html><head><title>成绩单</title></head>";
  var totalgrade=Math.round(correct/Total*100);
  var Percent = "<h2>测试成绩为:"+totalgrade+"分</h2><hr>";
  lastscore=Math.round(correct/Total*100);
  if (lastscore == "100"){
  msg = MustHave1 +Percent + "<font color='red'>祝贺! 全部正确! </font><p>" + msg
+ "<input type='button' value='关闭'onclick=javascript:window.close()></body></html>"}
    else {
    msg = MustHave1 +Percent + "<font color='red'>参考答案: </font><p>"+msg+ "<input
type='button' value='关闭' onclick=javascript:window.close()></body></html>";
  }
  SecWin.document.write(msg);
  msg = "";  //清空 msg
}
function Grade()
{
  var correct=0;
  var wrong=0;
  for (number=0; number < Total_test; number++)
   {
     var form = document.forms[number];                    // 选择题
     var i = GetSelectedButton(form.q1)
     if (form.q1[i].value == "1")
      { correct++; }
    else
      { wrong++;
        msg += "选择题 "+(number+1)+"."+Solution[number]+"<BR>";
      }
   }
```

```
    var form1 = document.getElementsByName("myform2");      // 填空题
    for (number=0; number < Total_test2; number++) {
      if document.myform2[number].msgbox.value==Solution2[number])
        { correct++; }
      else
        { wrong++;
         msg+= "填空题 "+(number+1)+"."+Solution2[number]+"<BR>";
        }
    }
    ReportScore(correct);
}
function click(){
 if(event.button==2){
  alert( '右键被屏蔽 !!');
 }
}
document.onmousedown=click ;
/*样式变化*/
function nameBlur(){
var name1 = document.myform.name1.value;
if(name1==""){
document.getElementById("err1").innerHTML="请输入姓名";
}
document.getElementById("note1").style.display="none";
}
function showNote(){
document.getElementById("note1").style.display="block";
document.getElementById("err1").innerHTML="";
}
/*计算已输入的字数*/
function countChar(textBox,spanName){
document.getElementById(spanName).innerHTML=document.getElementById(textBo
x).value.length;
}
</script>
```

① 函数 click( )的主要功能是屏蔽单击鼠标右键。

② 函数 showNote( )和函数 nameBlur( )的主要功能是当未输入姓名并响应文本框的 onBlur 事件时出现出错信息。

③ 函数 countChar(textBox,spanName)的主要功能是在 Span 处显示已输入的文字字数。

④ 函数 Grade( )的主要功能是判断选项和答案是否一致，并记下正确答题数和错误答题数。

⑤ 函数 GetSelectedButton(ButtonGroup)的主要功能是返回选中的单选题选项的序号。

⑥ 函数 ReportScore(correct)的主要功能是报告测试成绩得分情况。

➢ **知识准备**

知识点 1：event 对象

event 对象代表事件的状态，如事件在其中发生的元素、键盘按键的状态、鼠标的位置、鼠标按钮的状态。

知识点 2：event 对象的属性

event 对象的属性见表 7-3。

表 7-3 event 对象的属性

属　　性	说　　明
altKey	返回当事件被触发时，Alt 键是否被按下
ctrlKey	返回当事件被触发时，Ctrl 键是否被按下
metaKey	返回当事件被触发时，Meta 键是否被按下
shiftKey	返回当事件被触发时，Shift 键是否被按下
keyCode	对于 keypress 事件，该属性声明了被敲击的键生成的 Unicode 字符码。对于 keydown 和 keyup 事件，它指定了被敲击的键的虚拟键盘码。虚拟键盘码可能和使用的键盘的布局相关
button	返回当事件被触发时，哪个鼠标按钮被单击，仅用于 onMouseDown、onMouseUp 和 onMouseMove 事件，取值范围为 0～7
clientX	返回当事件被触发时，鼠标指针的水平坐标
clientY	返回当事件被触发时，鼠标指针的垂直坐标
screenX	返回当某个事件被触发时，鼠标指针的水平坐标
screenY	返回当某个事件被触发时，鼠标指针的垂直坐标
offsetX,offsetY	发生事件的地点在事件源元素的坐标系统中的 x 坐标和 y 坐标
x,y	返回鼠标相对于 CSS 属性中有 position 属性的上级元素的 x 和 y 坐标，如果没有上级元素，默认以 body 元素作为参考对象
relatedTarget	返回与事件的目标节点相关的节点
cancelBubble	如果事件句柄想阻止事件传播到包容对象，必须把该属性设为 true
returnValue	如果设置了该属性，它的值比事件句柄的返回值优先级高。把这个属性设置为 fasle，可以取消发生事件的源元素的默认动作
bubbles	返回布尔值，指示事件是否是起泡事件类型
cancelable	返回布尔值，指示事件是否可拥可取消的默认动作
currentTarget	返回其事件监听器触发该事件的元素
target	返回触发此事件的元素(事件的目标节点)
timeStamp	返回事件生成的日期和时间
type	返回当前 Event 对象表示的事件的名称

【实例 7-3】event 对象的应用。

实例要求在页面上有跟随鼠标移动的小图标，同时显示鼠标的 x、y 值，在按下除功能键以外的任意键时，会弹出对话框提示"你刚才按下的是××键"。

(1) 利用编辑器编辑如下代码，并将文件保存为"sl7-3.html"。

```
<html>
<head>
<meta charset="gb2312">
<title>实例 7-3 event 事件的应用</title>
<style type="text/css">
<!--
#Layer1 {
```

```
position: absolute;
left: 114px;
top: 34px;
width: 41px;
height: 22px;
z-index: 1;
}
-->
</style>
</head>
<body>
<P>按下除功能键以外的任意键，查看显示效果</P>
<div id="Layer1">
<img src="heart.jpg" width="16" height="15"  alt=""/>
<img src="heart.jpg" width="16" height="15"  alt=""/>
</div>
<p>显示鼠标位置：</p>
<p id="mouse1"></p>
<script>
function showCode(){
if(event.keyCode==32){
alert("你刚才按下的是空格键");
}else if(event.keyCode==13){
alert("你刚才按下的是回车键");
}
else{
alert("你刚才按下的是："+String.fromCharCode(event.keyCode)+"键");
}
}
document.onkeypress=showCode;
var x=0,y=0;
var flag=0;
function MousePlace(){
x=window.event.x;
y=window.event.y;
document.getElementById("Layer1").style.pixelLeft=x;
document.getElementById("Layer1").style.pixelTop=y;
if(flag==0)
document.getElementById("Layer1").style.display="block";
document.getElementById("mouse1").innerHTML=x+","+y;
}
document.onmousemove=MousePlace;
</script>
</body>
</html>
```

(2) 在 Google Chrome 浏览器中浏览该网页，运行效果如图 7.15 所示。

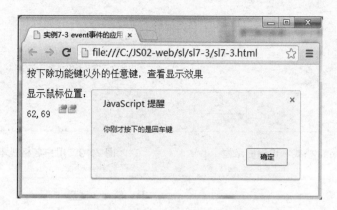

图 7.15 event 对象的应用效果图

7.4 【案例 16】具有高级验证功能的注册页面

> ## 案例陈述

本案例实现利用正则表达式验证【案例 1】中用户注册表单信息的功能，表单验证要求如下。

(1) 表单中带*字段名处内容不得为空(包括各文本框和下拉列表框)。

(2) 用户名为由英文字母和数字组成的 4～16 位字符，并以字母开头。

(3) 密码为由英文字母和数字组成的 4～10 位字符，且要求两次输入的密码相同。

(4) E-mail 要符合电子邮箱地址格式。

(4) 身份证号码要符合要求，15 位或 18 位都可以。

(5) 电话号码 11 位必须全部为数字。

利用 Google Chrome 浏览器打开网页文件，如果文本框内容为空时弹出提示框，如图 7.16 所示；下拉列表框未选时弹出提示框，如图 7.17 所示；E-mail 格式不正确时弹出提示框，如图 7.18 所示；用户名不合法时弹出提示框，如图 7.19 所示；密码格式不正确时弹出提示框，如图 7.20 所示；两次密码输入不相同时弹出提示框，如图 7.21 所示；身份证位数不正确时弹出提示框，如图 7.22 所示；身份证日期格式不正确时弹出提示框，如图 7.23 所示；电话号码格式不正确时弹出提示框，如图 7.24 所示。

图 7.16 用户名为空提示框   图 7.17 下拉列表框未选择提示框

图 7.18　E-mail 格式不正确提示框　　　　图 7.19　用户名格式不正确提示框

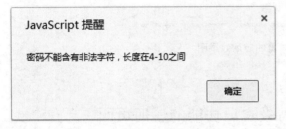

图 7.20　密码格式不正确提示框　　　　图 7.21　两次输入的密码不相同提示框

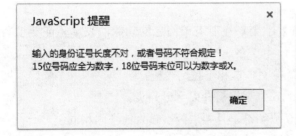
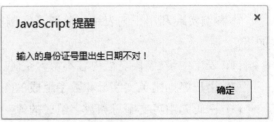

图 7.22　身份证号长度不正确提示框　　　　图 7.23　身份证号日期不正确提示框

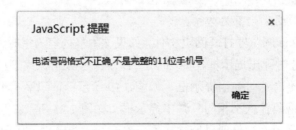

图 7.24　电话号码格式不正确提示框

➢ **案例实施**

(1) 将网页"Case1-2.html"另存为"Case16.html",在代码视图中修改表单 form 的 onsubmit 事件,代码如下:

```
<form name="form1" id="form1" action="success.html"  onsubmit="return chk()">
```

(2) 在<head>…</head>标签中添加以下验证代码:

```
<script>
function isUser(str)
```

```
{
if (!(/^[a-zA-Z][a-zA-Z0-9]{3,15}$/.test(str)))
return false;
else
return true;
}
function checkPwd(str){
if(!(/^[a-zA-Z0-9]{4,10}$/.test(str)))
return false;
else return true;
}
/*验证电话是否全部数值*/
function isNum(str)
{
if(str.match(/^[0-9]{11}$/)==null)
    return false;
else
return true;
}
/*测试E-mail正确性*/
function ismail(mail)
{
return(/^([A-Za-z0-9_-])+@([A-Za-z0-9_-])+(\.[A-Za-z0-9_-])+/.test(mail));
}
/*验证身份证号码输入正确性*/
function isCardNo(str)
{
  var len, re;
  var birth;
  str = str.toUpperCase();
 /*验证长度是否符合要求，最后一位是否是数字或X*/
if (!(/(^\d{15}$)|(^\d{17}([0-9]|X)$)/.test(str))||str.length>18)
  {
    alert('输入的身份证号长度不对，或者号码不符合规定！\n15位号码应全为数字，18位号码末位
可以为数字或X.');
    return false;
  }
     /*验证出生日期是否符合日期格式*/
len = str.length;
if (len == 15)
  re = new RegExp(/^(\d{6})(\d{2})(\d{2})(\d{2})(\d{3})$/);
else
 re = new RegExp(/^(\d{6})(\d{4})(\d{2})(\d{2})(\d{3})([0-9]|X)$/);
var cardSplit = str.match(re);
if(len == 15)
  {
 birth = new Date('19' + cardSplit[2] + '/' + cardSplit[3] + '/' + cardSplit[4]);
 var right = (birth.getYear() == Number(cardSplit[2])) && ((birth.getMonth()
+ 1) == Number(cardSplit[3])) && (birth.getDate() == Number(cardSplit[4]));
  }
 else
  {
```

```
birth = new Date(cardSplit[2] + "/" + cardSplit[3] + "/" + cardSplit[4]);
right = (birth.getFullYear() == Number(cardSplit[2])) && ((birth. getMonth()
+ 1) == Number(cardSplit[3])) && (birth.getDate() == Number (cardSplit[4]));
}
if (!right)
{
alert('输入的身份证号里出生日期不对！');
return false;
}
return true;
}
/*验证表单*/
function chk()
{    /*验证空文本框*/
var txt=document.getElementsByTagName("input");
//获取所有的输入框
for(var i=0;i<txt.length;i++){ //遍历所有的输入框
    if(txt[i].name.substr(0,4)=="item"){ //判断输入框的前 4 位
    if(txt[i].value==""){
        alert("请输入"+txt[i].id); //如果值为空，给出提示
        txt[i].focus();      //值空的文本框获得焦点
        return false;
            }
        }
}
if(document.getElementById("自我介绍").value==""){
alert("请输入"+document.getElementById("自我介绍").id );
return false;
}
if (document.form1.select1.selectedIndex==0){
    alert("请选择入学年份" );
return false;
}
/*验证用户名*/
txt=document.getElementById("用户名");
if(!isUser(txt.value))
    {
        alert("用户名由英文字母和数字组成的 4～16 位字符，以字母开头");
        txt.focus();
        return false;
    }
/*验证密码*/
txt1=document.getElementById("密码");
if(!checkPwd(txt1.value))
{
alert("密码由英文字母和数字组成的 4～10 位字符");
txt1.focus();
return false;
}
/*验证重复密码*/
txt2=document.getElementById("重复密码");
if(!checkPwd(txt2.value))
```

```
        {
        alert("重复密码也不能含有非法字符，长度在 4～10 之间");
        txt2.focus();
        return false;
        }
        if(txt1.value!=txt2.value){
        alert("重复密码和密码不一致");
        txt2.focus();
        return false;
        }
        /*验证 E-mail*/
            txt=document.getElementById("Email");
            if(!ismail(txt.value))
            {
                alert("E-mail 格式不正确");
                txt.focus();
                return false;
            }
            /*验证身份证号码*/
            txt=document.getElementById("身份证号");
            if(!isCardNo(txt.value))
                return false;
            /*验证电话号码*/
        txt=document.getElementById("电话号码");
            if(!isNum(txt.value))
            {
                alert("电话号码格式不正确,不是完整的 11 位手机号");
                txt.focus();
                return false;
            }
        return true;
        }
</script>
```

(3) 表单对象主要负责数据采集，是网页中的一个重要元素，尤其是交互式网页必不可少的元素。在用户填写完表单数据、发送给服务器之前，通常需要对填写的数据进行合法性验证。对于数据的验证,使用正则表达式会变得非常简单。本案例中需要用到正则表达式的地方如下。

① 对于用户名的判断。用户名验证要求输入内容为由英文和数字组成的 4～16 位字符并以字母开头，正则表达式中用"/^[a-zA-Z][a-zA-Z0-9]{3,15}$/"表示。利用 test 方法判断指定字符串是否符合要求。

② 对于密码的判断。密码验证要求输入内容为由英文和数字组成的 4～10 位字符，正则表达式中用"/^[a-zA-Z0-9]{4,10}$/"表示。利用 test 方法判断指定字符串是否符合要求。

③ 对于电话号码的判断。手机号码验证要求输入的必须是 11 位数字，正则表达式中用"/^[0-9]{11}$/"表示。利用 match 方法查找匹配，如果未找到则返回 null。

④ 对于 E-mail 地址的判断。E-mail 地址分为用户名和网址两部分，中间由字符"@"连接。用户名由数字、字母或符号"_"、"-"组成，网址由字符"."分隔，每部分的组成和用户名相同。根据要求定义正则表达式为"/^([A-Za-z0-9_-])+@([A-Za-z0-9_-])+(\.[A-Za-z0-9_-])+/"。利用 test 方法判断指定字符串是否符合要求。

⑤ 对于身份证号码的判断。身份证号码的限定要从位数和日期两方面进行判断。

身份证号码分 15 位(老号码)和 18 位(新号码)两种,在判断时都要考虑到。15 位号码由 15 位数字组成,18 位号码由 18 位数字或 17 位数字加字母 "X" 组成,X 不区分大小写。因此正则表达式定义为 "/(^\d{15}$)|(^\d{17}([0-9]|X)$)/"。

15 位身份证号码组成格式为 "6 位地区代号+2 位年份+2 位月份+2 位日期+3 位数字编号"; 18 位身份证号码组成格式为 "6 位地区代号+4 位年份+2 位月份+2 位日期+4 位数字编号"。根据格式分别定义正则表达式为 "/^(\d{6})(\d{2})(\d{2})(\d{2})(\d{3})$/" 和 "/^(\d{6})(\d{4})(\d{2})(\d{2})(\d{3})([0-9]|X)$/"。利用 match 方法查找匹配,匹配成功返回一个数组,数组 0 元素包含整个匹配,第 1 到第 n 元素包含每一个子匹配,因此从数组中提取第 2、3、4 个元素,组成日期格式,进行比对,相等表示符合日期格式要求,不等表示不符合。

⑥ 对于输入内容不能为空的判断,只需利用标签名获得所有文本框内容,依次判断是否为空即可,不同的判断结果,给出不同的提示信息。

⑦ 对于下拉列表框只要判断 selectedIndex 是否为 0,即可验证出是否选取 "入学年份" 中的选项值。

➤ **知识准备**

知识点 1:正则表达式定义

在 JavaScript 中,正则表达式由 RegExp 对象表示,它是对字符串执行模式匹配的强大工具,可以使用一种模式来描述要检索的内容。

定义正则表达式的方法如下:

```
var regexp=/pattern/ attributes;
```

也可以使用构造函数 RegExp( )来声明一个正则表达式。

```
new var regexp=RegExp(pattern, attributes);
```

参数 pattern 是一个字符串,指定了正则表达式的模式或其他正则表达式,可以使用特殊符号代表特殊的规则,见表 7-4。

表 7-4 正则表达式特殊符号

符 号	描 述
/.../	代表一个模式的开始和结束
^	匹配字符串的开始
$	匹配字符串的结束
\	转义字符
\s	任何空白字符,等价于[\f\r\t\n\v]
\S	任何非空白字符,等价于[^\f\r\t\n\v]
\d	匹配一个数字字符,等价于[0-9]
\D	除了数字之外的任何字符,等价于[^0-9]
\w	匹配一个数字、下划线或字母字符,等价于[A-Za-z0-9_]

符 号	描 述
\W	任何非单字字符，等价于[^a-zA-z0-9_]
.	除了换行之外的单个字符
|	备选(或)
[	类的开始
]	类的结束
(	子模式的开始
)	子模式的结束
{	限定符的开始
}	限定符的结束
{n}	匹配前一项 n 次
{n,}	匹配前一项 n 次，或者多次
{n,m}	匹配前一项至少 n 次，但是不能超过 m 次
*	匹配前一项 0 次或多次，等价于{0,}
+	匹配前一项 1 次或多次，等价于{1,}
?	匹配前一项 0 次或 1 次，也就是说前一项是可选的，等价于{0,1}

例如，验证电话号码为 11 位数的正则表达式如下：

```
^1[3|4|5|8][0-9]\d{4,8}$
```

^1 代表以 1 开头；第二位可以是 3 或 4 或 5 或 8 的一个数字；[0-9]表示 0～9 中的任何数字，可以是 0 或 9；\d{4,8} 这个\d 跟[0-9]意思一样，都是 0～9 中的数字；{4,8}表示匹配前面的最低 4 位、最高 8 位数字。

参数 attributes 是一个可选的字符串，包含属性 "g"、"i" 和 "m"，分别用于指定全局匹配、不区分大小写匹配和多行匹配。

例如：

```
<script>
var data="138126bdgd";
var redata=/138/gi;//这里 g 代表全局匹配，要求查找所有文本；i 代表不区分大小写
alert(redata.test(data));//test()方法返回一个表示是否匹配的布尔值
</script>
```

运行结果为 true。

知识点 2：正则表达式的两种模式

简单模式是指通过普通字符的组合来表达的模式。例如：

```
var reg=/china/;
var reg=/abc8/;
```

复合模式是指通过通配符来表达的模式。例如：

```
var reg1=/^\w+$/;
var reg2=/^\w+@\w+.[a-zA-Z]{2,3}(.[a-zA-Z]{2,3})?$/;
//reg1 表示一个数字、下划线或字母字符出现一次或多次
```

//reg2 表示一个电子邮箱的有效格式

知识点 3：RegExp 对象的常用方法

RegExp 对象有 3 个方法：test( )、exec( )以及 compile( )，见表 7-5。

表 7-5　RegExp 的常用方法

方　法	说　明	示　例
test( )	检索字符串中的指定值，返回值是 true 或 false	var patt1=new RegExp("e"); document.write(patt1.test("The best things in life are free")); 运算结果是：true
exec( )	检索字符串中的指定值，返回值是被找到的值，如果没有发现匹配，则返回 null	var patt1=new RegExp("e"); document.write(patt1.exec("The best things in life are free")); 运算结果是：e

compile( )	可以改变检索模式，也可以添加或删除第二个参数	var patt1=new RegExp("e");
		document.write(patt1.test("The best things in life are free"));
		patt1.compile("d");
		document.write(patt1.test("The best things in life are free"));
		运算结果是：truefalse

【实例 7-4】使用正则表达式判断日期类型是否为 YYYY-MM-DD 格式的类型。

使用正则表达式 "/^[0-9]{4}-[0-1]?[0-9]{1}-[0-3]?[0-9]{1}$" 来验证，[0-9]{4}表示由 0～9 组成的 4 位数字，[0-1]?表示匹配 0 或 1 次之前的数字；利用 match 方法查找是否匹配。

(1) 利用编辑器编辑如下代码，并将文件保存为 "sl7-4.html"。

```html
<html>
 <head>
  <title>实例 7-4 正则表达的应用</title>
  <meta charset="gb2312">
  <script>
var date_format = /^[0-9]{4}-[0-1]?[0-9]{1}-[0-3]?[0-9]{1}$/;
function checkDate(){
    var birthday = document.getElementById("birthday").value;
    if(date_format.test(birthday)){
        alert("您输入的日期格式正确");
    } else {
        alert("抱歉，您输入的日期格式有误，正确格式应为\"2012-01-01\".");
    }
 }
 </script>
 </head>
<body>
出生日期: <input id="birthday" name="birthday" type="text" value="" />
<input type="button" name="button" id="button" value="确定" onClick="checkDate();">
 </body>
</html>
```

(2) 在 Google Chrome 浏览器中浏览该网页，运行效果如图 7.25 所示。

图 7.25　验证日期类型运行图

7.5　本 章 小 结

本章节主要介绍 JavaScript 中常用事件的使用，重点介绍了事件、事件处理程序的定义和调用，鼠标事件、页面事件、编辑事件、键盘事件和 event 对象的方法和属性的应用，通过使用正则表达式实现表单高级应用。通过本章的学习，读者可以利用响应事件实现滚动字幕、文字提示、即时提示、表单高级应用等网页特效。

7.6　习　　题

1. 选择题

(1) 以下(　　)不是一个编辑事件。

   A. Finish　　　　　B. Paste　　　　　C. Select　　　　　D. DragOver

(2) 事件处理程序的返回值都为(　　)。

   A. 字符串　　　　　B. 数值　　　　　C. 布尔值　　　　　D. 对象

(3) 当元素失去焦点并且元素的内容发生改变时触发(　　)事件。

   A. Submit　　　　　B. Blur　　　　　C. Change　　　　　D. Focus

(4) 在使用事件处理程序对页面进行操作时，最主要的是如何通过对象的事件来指定事件处理程序，其指定方式主要有(　　)。

   A. 直接在 HTML 标记中指定　　　　　B. 在 JavaScript 中说明

   C. 指定特定对象的特定事件　　　　　D. 以上 3 种方法皆可

(5) 当鼠标指针移到页面上的某个图片上时，图片出现一个边框，并且图片放大，这是因为激发了下列的(　　)事件。

   A. onClick　　　　　　　　　　　B. onMouseMove

   C. onMouseOut　　　　　　　　　D. onMouseDown

(6) 要求用户名称只能以字母开始，包含 6～18 个字母、数字或下划线，相应的正则表达式是(　　)。

   A. /^[A-Za-z]\w{6,18}/　　　　　　B. /^[A-Za-z]\w{6,}/

C. /[^A-Za-z]\w{6,18}/ D. /[A-Za-z]\w{6,18}/

(7) 假设已经存在正则表达式 ptrn，验证字符串 str 是否符合正则表达式的要求，以下代码正确的是(　　)。

　　A．str.test(ptrn)　　　　　　　　B．ptrn.test(str)

　　C．str.search(ptrn)　　　　　　　D．ptrn.search(str)

(8) 正则表达式对象中，用于设置全局模式标志字符是(　　)。

　　A．i　　　　　　B．g　　　　　　C．m　　　　　　D．all

(9) 若存在代码<form onsubmit="return validate( ); ">，则下列说法错误的是(　　)。

　　A．在某种条件函数下 validate( )必须能够返回值 false

　　B．当函数返回 false 值时，该函数将停止执行，并阻止表单向服务器提交数据

　　C．函数 validate( )的调用必须是在单击 submit 类型按钮时

　　D．函数 validate( )返回任意值都能够阻止表单向服务器提交数据

(10) 在 JavaScript 语言中，onChange 事件不是(　　)对象的事件。

　　A．Select　　　　B．Document　　　C．Text　　　　D．Textarea

2．填空题

(1) 事件一般是指_____和_____的动作。

(2) 对事件进行处理的程序或函数，称为_____。

(3) 在 JavaScript 语言中，事件是定义在事件与网页之间进行_____时产生的各种操作。

(4) 在 JavaScript 语言中，event 对象的功能是描述一个 JavaScript 程序中的_____。

(5) 在 JavaScript 语言中，常用的浏览器事件包括：DragDrop(拖放事件)、Submit(提交事件)、_____、Unload(卸载事件)。

(6) 在 JavaScript 语言中，要得到 event 对象可用的完整引用形式是_____。

(7) onKeyUp="checkText( ); "，这句语句是在_____动作时检查文本。

(8) 在 JavaScript 语言中，与 onBlur 事件的功能完全相反的事件是_____。

3．判断题

(1) 当前元素失去焦点并且元素的内容发生改变时触发的是 Change 事件。　　(　　)

(2) 一个对象只能产生一个事件。　　　　　　　　　　　　　　　　　　(　　)

(3) 要触发针对网页或页面元素的事件，该事件必须是与该类元素相关的。　(　　)

(4) onError、onLoad、onFocus、offFocus 都是窗口对象的事件处理程序。　(　　)

(5) 在 JavaScript 语言中，在按下键盘上的一个键时将发生 event 事件。　　(　　)

(6) 在 JavaScript 语言中，表示在释放鼠标上的任何一个键时发生的事件是 onMouseUp。

　　　　　　　　　　　　　　　　　　　　　　　　　　　　　　　　(　　)

4．操作题

(1) 网页中有两个控件：文本框和下拉列表框，下拉列表框中有三个选项(图片一、图片二、图片三)，当改变选项时可将图片改变为相应的图片，图片大小为 200px×100px；并可在文本框中显示当前图片的文件名。图片文件夹和网页文件在同一目录下，图片一对应 image01.jpg，图片二对应 image02.jpg，图片三对应 image03.jpg。效果如图 7.26 所示。

图 7.26　onChange 事件效果图

(2) 通过键盘事件实现游泳的鱼特效：按下键盘的上下左右光标键控制小鱼向相应方向移动。效果如图 7.27 所示。

图 7.27　键盘事件效果图

第**8**章　jQuery 和 Ajax 技术

jQuery 是一种快捷、小巧、功能丰富的轻量级 JavaScript 脚本库，是目前最热门的 Web 前端开发技术之一。jQuery 的语法很简单，可以用较少的代码实现同样的功能，它支持各种浏览器平台的 API，使用这些 API 可以使 Web 前端开发变得更轻松。同时也可以把自己的代码制作成 jQuery 插件，增加 jQuery 的可扩展性。jQuery 对 Ajax 提供了很好的支持，用户甚至不需要了解 XMLRequest 对象的概念就可以实现 Ajax 编程。

学习目标

知识目标	技能目标	建议课时
(1) 理解 JavaScript 程序库、jQuery、jQuery 选择器等概念 (2) 掌握 jQuery 基本语法和实用函数 (3) 掌握 jQuery Mobile UI 插件的实现 (4) 掌握 jQuery 和 Ajax 用法及事件处理	(1) 了解 JavaScript 程序库的概念、jQuery 插件种类和运行机制、Ajax 的概念和工作原理 (2) 掌握 jQuery 引用和 jQuery 基本语法 (3) 能够熟练使用 jQuery 选择器构建 jQuery 对象 (4) 能够使用常见 jQuery UI 插件的方法和属性实现模态窗口 (5) 掌握 jQuery 中 Ajax 的 load( )方法和 ajax( )方法等	6 学时

8.1　【案例 17】使用 jQuery+DIV 制作层窗口

➤　案例陈述

现在的浏览器都会过滤弹出窗口(包括使用 window.open( )方法)，原因是这些窗口装载的内容大多是广告。如果是一些有用的信息提示窗口也会被错杀。本案例使用 jQuery+DIV 设计制作一个模拟窗口效果的层窗口。在网页加载完成后，页面的右下角上动态显现一个"在线答疑"层窗口，单击"关闭"按钮，可以关闭该窗口。效果如图 8.1 所示。

图 8.1　层窗口显示效果图

➤　案例实施

(1) 使用 Dreamweaver，将网页"Case14.html"另存为网页"Case17.html"，在该网页代码<head>标签内引入 jQuery 库。创建一个名为"case17-window.css"的样式表文件和 window.js 代码文件并引入到该网页中，代码如下所示：

```
<head>
<title>案例 17 使用 jQuery DIV 制作层窗口</title>
<meta http-equiv="Content-Type" content="text/html; charset=UTF-8">
<link type="text/css" rel="stylesheet" href="css/case17-window.css" />
<script type="text/javascript" src="js/jquery.js"></script>
<script type="text/javascript" src="js/window.js"></script>
</head>
```

(2) 在网页"Case17.html"的</body>标签之前添加弹出窗口的 div 标记，代码如下所示：

```
<div class="window" id="right"><!--层窗口 begin-->
<div class="title">
<img alt="关闭" src="images/close.gif" />
在线答疑
</div>
```

```
<div class="content">
<a  href="#"><img src="images/dayi.png"/></a>
</div>
</div>
```

(3) 在 "case17-window.css" 样式表文件添加窗口样式，代码如下所示：

```
#right {
background-color: #D0DEF0;
width: 150px;
/*padding: 2px;*/
margin: 5px;
/*控制窗口绝对定位*/
position: absolute;
display: none;
}
#right .content {
height: 150px;
background-color: white;
border: 2px solid #D0DEF0;
padding: 2px;
/*控制区域内容超过指定高度和宽度时显示滚动条*/
overflow: auto;
}
#right .title {
padding: 4px;
font-size: 14px;
text-align: left;
}
#right .title img {
width: 14px;
height: 14px;
float: right;
cursor: pointer;
}
```

(4) 在 window.js 代码文件中添加 jQuery 代码，代码如下所示：

```
$(document).ready(function(){
//获取 HTML 中要显现的窗口对象
var rightwin = $("#right");
//获取整个屏幕窗口对象
var windowobj = $(window);
//显现窗口的宽度和高度
var cwinwidth = rightwin.outerWidth(true);
var cwinheight = rightwin.outerHeight(true);
//浏览器的宽度和高度
var browserwidth = windowobj.width();
var browserheight = windowobj.height();
//滚动条的宽度和高度
var scrollLeft = windowobj.scrollLeft();
var scrollTop = windowobj.scrollTop();
//计算在浏览器右下角显现的窗口离左边和上面的距离
```

```
var rleft = scrollLeft + browserwidth - cwinwidth;
var rtop=scrollTop+browserheight-cwinheight;
//动态修改显现窗口的 css，保证其出现在右下角，并让其慢慢呈动画效果显示
rightwin.css("left",rleft).css("top",rtop).show("slow");
$(".title img").click(function(){
//单击关闭按钮之后，关闭窗口
$(this).parent().parent().hide("slow");
});
});
```

① 代码中的窗口定位实现原理：首先要得到浏览器和其滚动条的宽度和高度，浏览器可视区域的宽和高可以通过$(window).width( )和$(window).height( )的方式获得；浏览器滚动条的左边界和上边界可以通过$(window).scrollLeft( )和$(window).scrollTop( )获得。如果窗口定位到屏幕的右下角，需要用屏幕可视区域的宽加上滚动条的左边界值，再减去窗口的宽，才能获得窗口需要的左边界值；上边界值也是用同理的方法获得。如果窗口定位到屏幕可视区域的正中间，需要用屏幕可视区域的宽减去窗口的宽，然后除以 2，再加上滚动条的左边界值，才能获得窗口需要的左边界值；上边界值也是用同理的方法获得。

② 通过$( )方法来获得页面的指定节点，参数是类似 css 的选择器。代码中的$("#right")表示可以获取到 HTML 中 id 为 "right" 的对象并转换为 jQuery 对象，功能类似 JavaScript 中 getElementById( )方法(注：使用$( )方法获取 jQuery 对象和获取 HTML DOM 对象有点区别)。但$( )方法更强大更灵活，如代码中的$(".title img")，可以获取到所有名为.title css 类的 img 对象，本案例中关闭按钮图片没有设置 id 属性，可以用上述方法来获取该对象。

③ 通过$( )方法获得的 jQuery 对象都具有一定的方法，通过 "." 来调用方法，如代码中$(window).width( )可以获得浏览器的宽度，rightwin.css("left",rleft)可以为其添加 css 样式；rightwin.css("left",rleft).css("top",rtop).show("slow")表示窗口对象 rightwin 添加 css 样式 left 属性后又添加 top 属性，最后调用 show( )方法显示窗口，show 方法中 "slow" 参数是动画效果参数，表示慢慢地显示。上述写法是同一对象多个方法调用的连写形式，当然也可以分开写。为对象添加事件方法也很方便，用$("…").事件名(function( ){ //事件代码})这样的格式可快速添加事件处理程序。

④ this 对象表示当前的上下文对象是一个 html 对象，可以调用 html 对象所拥有的属性。程序中的$(this)方法，代表是当前一个 jQuery 的上下文对象即 img 图片对象。$(this).parent( ).parent( )表示获取当地对象的父对象的父对象，即窗口对象 div，再调用 jQuery 的 hide( )方法将其隐藏，成功模拟关闭窗口效果。

➤ 知识准备

知识点 1：JavaScript 程序库

为了简化 JavaScript 的开发，一些 JavaScript 程序库就诞生了。JavaScript 程序库封装了许多预先定义好的对象和实用函数，能帮助开发者轻松地开发高难度的客户端网页应用，而且不用担心各大浏览器兼容问题。目前流行的 JavaScript 程序库有：Prototype、Dojo、YUI、Ext JS、Moo Tools 和 jQuery。其中 jQuery 是最受 Web 开发人员喜欢的 JavaScript 程序库。使用 jQuery 可以实现以下特性：HTML 元素选取、HTML 元素操作、CSS 操作、HTML 事件函数、JavaScript 特效和动画、HTML DOM 遍历和修改、Ajax 功能等。

知识点 2：在网页中引入 jQuery

jQuery 库文件可以从 http://jquery.com/官方网站下载最新的库；在如图 8.2 所示的官网截图中，右方箭头区域就是下载按钮。jQuery 库有两种类型版本，分别是生产版(压缩版)和开发版(未压缩版)。生产版库文件(jquery.min.js)大小约 30kB，适用于发布的产品和项目；开发版库文件(jquery.js)大小约 300kB，适用于学习和开发。

jQuery 就是一个.js 文件，使用它前需要先引入，引入操作和引入其他.js 文件一样，具体的导入语句是：

```
<script type="text/javascript" src="js/jquery.js"></script>
```

需要注意：jquery.js 文件要第一个引用，先于其他.js 文件。在项目中为了便于.js 文件的管理，一般把.js 文件单独放在一个文件夹中，本书中把 jquery.js 放在.js 文件夹下。

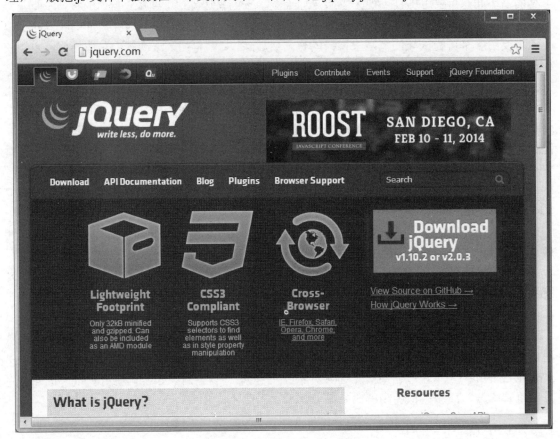

图 8.2　jQuery 官网截图

知识点 3：jQuery 语法

jQuery 代码和 JavaScript 代码一样也是写在<script>标记中。在 jQuery 代码中，常出现符号 "$"。$就是 jQuery 的简写形式，例如$.Ajax 和 jQuery.Ajax 是等价的，目的是为了方便开发人员。

jQuery 语法是为 HTML 元素的选取编制的，可以对元素执行某些操作。基础语法是：

```
$(selector).action()
```

其中，$等价于 jQuery，选择符 selector 用于"查询"和"查找" HTML 元素，action( )执行对元素的操作。如$(this).hide( ) 表示隐藏当前元素。

【实例 8-1】编写简单的 jQuery 程序。

实例要求使用 jQuery 弹出"Hello World！"问候提示框。

(1) 利用编辑器编辑如下代码，并将文件保存为"sl8-1.html"，在该网页代码<head>标签内引入 jQuery 库。

```
<html>
<head>
<meta http-equiv="Content-Type" content="text/html; charset=utf-8" />
<script type="text/javascript" src="JS/jquery.js"></script>
<title>实例 8-1 jQuery 的应用</title>
<script type="text/javascript">
$(document).ready(function(){
alert("Hello World!");
});
</script>
</head>
<body>
</body>
</html>
```

(2) 在 Google Chrome 浏览器中浏览网页，运行效果如图 8.3 所示。

图 8.3　弹出对话框的效果图

知识点 4：jQuery 选择器

选择器是 jQuery 的一大特色，它在 DOM 操作、事件操作、Ajax 操作中都必不可少。jQuery 选择器和样式表中的选择器十分相似，使用它可以很大程度上简化脚本的编程工作。

jQuery 选择器可以分成基本选择器、层次选择器、过滤选择器、表单选择器。

1) 基本选择器

基本选择器是 jQuery 中最常用的选择器，也是最简单的选择器，它通过元素 id、class 和标签名等来查找 DOM 元素，见表 8-1。在网页中，每个 id 名称只能使用一次，class 允许重复使用。

表 8-1 jQuery 基本选择器

选择器	描　　述	返　　回	示　　例
*	选取所有元素	元素集合	$("*")选取所有元素
#id	根据指定 id 选取一个元素	单个元素	$("#lastname")选取 id 为"lastname"的元素
.class	根据指定的类名选取元素	元素集合	$(".intro")选取所有 class 为"intro"的元素
element	根据给定的元素名选取元素	元素集合	$("p")选取所有<p>元素
selector1,selector2, …,selectorN	将所有选择器匹配到的元素合并后一起返回	元素集合	$("div,span,p.intro")选取所有<div>、<span>和 class 为"intro"的<p>标签的一组元素

2) 层次选择器

层次选择器是通过 DOM 元素之间的层次关系来获取特定元素，例如后代元素、子元素、相邻元素和同辈元素等，见表 8-2。

表 8-2 jQuery 层次选择器

选择器	描　　述	返　　回	示　　例
$("ancestor descendant")	选取 ancestor 元素里的所有 descendant(后代)元素	元素集合	$("div span")选取<div>里的所有<span>元素
$("parent>child")	选取 parent 元素下的 child(子)元素，与 $("ancestor descendant") 有区别	元素集合	$("div>span")选取<div>元素下元素名是<span>的子元素
$("prev+next")	选取紧接在 prev 元素后的 next 元素	元素集合	$(".one+div")选取 class 为 one 的下一个 <div> 同辈元素，等价于 $(".one").next("div");
$(" prev~siblings")	选取 prev 元素之后的所有 siblings 元素	元素集合	$("#two~div")选取 id 为 two 的元素后面的所有<div>同辈元素，等价于$("#two").nextAll("div");

3) 过滤选择器

过滤选择器主要通过特定的过滤规则来筛选出所需的 DOM 元素，过滤规则与 CSS 中的伪类选择器语法相同，即选择器都以一个冒号(:)开头。按照不同的过滤规则，可分为基本过滤选择器、内容过滤选择器、可见性过滤选择器、属性过滤选择器、子元素过滤选择器和表单对象属性过滤选择器。

(1) 基本过滤选择器是过滤选择器中最常用的一种，见表 8-3。

表 8-3 jQuery 基本过滤选择器

选择器	描　　述	返　　回	示　　例
:first	选取第一个元素	单个元素	$("p:first")选取第一个<p>元素
:last	选取最后一个元素	单个元素	$("p:last")选取最后一个<p>元素

续表

选择器	描 述	返 回	示 例
:even	选取索引是偶数的所有元素,索引从 0 开始	元素集合	$("tr:even")选取所有偶数<tr>元素
:odd	选取索引是奇数的所有元素,索引从 0 开始	元素集合	$("tr:odd")选取所有奇数<tr>元素
:eq(index)	选取索引等于 index 的元素(index 从 0 开始)	单个元素	$("ul li:eq(3)") 选取列表中的第四个元素(index 从 0 开始)
:gt(index)	选取索引大于 index 的元素(index 从 0 开始)	元素集合	$("ul li:gt(3)") 列出 index 大于 3 的元素
:lt(index)	选取索引小于 index 的元素(index 从 0 开始)	元素集合	$("ul li:lt(3)") 列出 index 小于 3 的元素
:not(selector)	去除所有与给定选择器匹配的元素	元素集合	$("input:not(:empty)")选取所有不为空的 input 元素
:header	选取所有的标题元素,如 h1、h2、h3 等	元素集合	$(":header")选取网页中所有的<h1>、<h2>、…、<h6>标题元素
:animated	选取当前正在执行动画的所有元素	元素集合	$("div:animated")选取正在执行动画的<div>元素
:focus	选取当前获取焦点的元素	元素集合	$(":focus")选取当前获取焦点的元素

(2) 内容过滤选择器的过滤规则主要体现在它所包含的子元素或文本内容上,在页面选取、设置元素显示等方面发挥着重要作用,见表 8-4。

表 8-4 jQuery 内容过滤选择器

选择器	描 述	返 回	示 例
:contains(text)	选取含有文本内容为 "text" 的元素	元素集合	$("div:contains('W3School')") 选取所有文本为 "W3School" 的<div>元素
:empty	选取不包含子元素或者文本的空元素	元素集合	$("div:empty")选取无子节点(包括文本元素)的<div>空元素
:has(selector)	选取含有选择器所匹配的元素的元素	元素集合	$("div:has(p)")选取含有<p>元素的<div>空元素
:parent	选取含有子元素或者文本的元素	元素集合	$("div:parent")选取拥有子元素(包括文本元素)的<div>元素

(3) 可见性过滤选择器是根据元素的可见和不可见状态来选择相应的元素,见表 8-5。

表 8-5 jQuery 可见性过滤选择器

选择器	描 述	返 回	示 例
:hidden	选取所有不可见的元素	元素集合	$("p:hidden")选取所有隐藏的<p>元素
:visible	选取所有可见的元素	元素集合	$("table:visible")选取所有可见的表格

(4) 属性过滤选择器的过滤规则是通过元素的属性来获取相应的元素，见表 8-6。

表 8-6   jQuery 属性过滤选择器

选择器	描 述	返 回	示 例
[attribute]	选取拥有此属性的元素	元素集合	$("div[id]")选取拥有属性 id 的元素
[attribute=value]	选取属性的值为 value 的元素	元素集合	$("div[title=test]")选取属性 title 为 "test" 的\<div\>元素
[attribute!=value]	选取属性的值不等于 value 的元素	元素集合	$("div[title!=test]")选取属性 title 不等于 "test" 的\<div\>元素(没有属性 title 的\<div\>元素也会选取)
[attribute^=value]	选取属性的值以 value 开始的元素	元素集合	$("div[title^=test]")选取属性 title 以 "test" 开始的\<div\>元素
[attribute$=value]	选取属性的值以 value 结束的元素	元素集合	$("div[title$=test]")选取属性 title 以 "test" 结束的\<div\>元素
[attribute*=value]	选取属性的值含有 value 的元素	元素集合	$("div[title*=test]")选取属性 title 含有 "test" 结束的\<div\>元素
[attribute|=value]	选取属性等于 value 或以 value 为前缀(该字符串后跟一个连字符 "-")的元素	元素集合	$("div[title|='en'")选取属性 title 等于 en 或以 en 为前缀(该字符串后跟一个连字符 "-")的元素
[attribute～=value]	选取属性用空格分隔的值中包含一个给定值 value 的元素	元素集合	$("div[title～='uk'])选取属性 title 用空格分隔的值中包含字符 uk 的元素
[attribute1][attribute2] [attributeN]	用属性选择器合并成一个复合属性选择器，满足多个条件。每选择一次，缩小一次范围	元素集合	$("div[id][title$='test']") 选取属性 id，并且属性 title 以 "test" 结束的\<div\>元素

(5) 子元素过滤选择器可以获取一个或一些特定嵌套标签元素，见表 8-7。

表 8-7   jQuery 子元素过滤选择器

选择器	描 述	返 回	示 例
:nth-child(index /even/odd/equation)	选取每个父元素下的第 index 个子元素或者奇偶元素(index 从 1 算起)	元素集合	:eq(index)只匹配一个元素，而:nth-child 将为每一个父元素匹配子元素，并且:nth-child(index)的 index 是从 1 开始的，而:eq(index)从 0 算起
:first-child	选取每个父元素的第 1 个子元素	元素集合	:first 只返回单个元素，而:first-child 选择符将为每个父元素匹配第 1 个子元素。例如$("ul li:first-child");选取每个\<ul\>中第 1 个\<li\>元素
:last-child	选取每个父元素的最后一个子元素	元素集合	:last 只返回单个元素，而:last-child 选择符将为每个父元素匹配最后 1 个子元素。例如$("ul li:last-child");选取每个\<ul\>中最后 1 个\<li\>元素

续表

选择器	描　　述	返　回	示　　例
:only-child	如果某个元素是它父元素中唯一的子元素，那么将会被匹配。如果父元素中含有其他元素，则不会被匹配	元素集合	$("ul li:only-child") 在<ul>中选取是唯一子元素的<li>元素

(6) 表单对象属性过滤选择器对所选择的表单元素进行过滤，如选择被选中的下拉列表框、复选框等元素，见表 8-8。

表 8-8　jQuery 表单对象属性过滤选择器

选择器	描　　述	返　回	示　　例
:enabled	选取所有可用元素	元素集合	$("#form1:enabled")；选取 id 为 "form1" 的表单内的所有可用元素
:disabled	选取所有不可用元素	元素集合	$("#form2:disabled")；选取 id 为 "form2" 的表单内的所有不可用元素
:selected	选取所有被选中的选项元素(下拉列表框)	元素集合	$("select option:selected") 选取所有偶数<tr>元素
:checked	选取所有被选中的元素(单选按钮、复选框)	元素集合	$("input:checked")；选取所有被选中的选项元素

4) 表单选择器

表单选择器可以方便地获取到表单的某个或某类型的元素，能使用户灵活地操作表单，见表 8-9。

表 8-9　jQuery 表单选择器

选择器	描　　述	返　回	示　　例
:input	选取所有的<input>、<textarea>、<select>和<button>元素	元素集合	$(":input")所有<input>、<textarea>、<select>和<button>元素
:text	选取所有的单行文本框	元素集合	$(":text")选取所有的单行文本框
:password	选取所有的密码框	元素集合	$(":password")选取所有的密码框
:radio	选取所有的单选按钮	元素集合	$(":radio")选取所有的单选按钮
:checkbox	选取所有的复选框	元素集合	$(":checkbox")选取所有的复选框
:submit	选取所有的提交按钮	元素集合	$(":submit")选取所有的提交按钮
:reset	选取所有的重置按钮	元素集合	$(":reset")选取所有的重置按钮
:button	选取所有的按钮	元素集合	$(":button")选取所有的按钮
:image	选取所有的图像按钮	元素集合	$(":image")选取所有的图像按钮
:file	选取所有的上传域	元素集合	$(":file")选取所有的上传域

知识点 5：jQuery 事件

jQuery 对 JavaScript 的事件处理机制进行了很好的封装,不仅提供了优雅的事件处理语法,而且极大增强了事件处理能力。jQuery 事件方法会触发匹配元素的事件,或将函数绑定到所有匹配元素的某个事件,也可以方便地使用 event 对象对触发的元素的事件进行处理。

事件处理函数指触发事件时调用的函数,可以指定事件处理函数或绑定到事件处理函数。

1) 指定事件处理函数

```
jQuery 选择器.事件名(function (){
<函数体>
...
});
```

例如下述代码中的$(document).ready( )方法指定文档对象的 ready 事件处理函数。ready 事件当文档在完全加载(就绪)的时候被触发。

```
$(document).ready(function(){
//代码...
});
```

这段代码功能类似于 JavaScript 中的 window.onload 事件方法, $(document).ready( )执行时机是网页中所有 DOM 结构绘制完毕后就调用,也可能 DOM 元素关联的东西并没有加载完执行代码；而 window.onload 的执行时机是必须等待网页中所有的内容加载完毕后(包括图片)才能调用。

2) 绑定到事件处理函数

可以使用 bind( )方法和 delegate( )方法将事件绑定到事件处理函数。

(1) bind( )方法。使用 bind( )方法可以为每一个匹配元素的特定事件(如 click 事件)绑定一个事件处理器函数。事件处理函数会接收到一个事件对象。bind( )方法的语法如下：

```
.bind(type[,data],fn)
```

其中, type 为事件类型；data 为可选参数,作为 event.data 属性值传递给事件 event 对象的额外数据对象；fn 为绑定到指定事件的事件处理器函数,如果 fn 返回 false,则会取消事件的默认行为,并阻止冒泡。

(2) delegate( )方法。使用 delegate( )方法将制定元素的特定子元素绑定到指定的事件处理函数,语法如下：

```
.delegate(selector,eventType,handler(eventObject))
```

其中, select 为匹配子元素的选择器；eventType 为事件类型；handler(eventObject)为事件处理函数。

3) 移除事件绑定

可以使用 unbind( )方法移除绑定到匹配元素的事件处理器函数,语法如下：

```
.unbind([eventType][,handler(eventObject)])
```

其中, eventType 为指定要移除的事件类型字符串,如 click 或 submit；handler(eventObject)为移出的事件处理函数。

4) jQuery 事件方法

jQuery 提供了一组事件处理方法，用于处理各种 HTML 事件，包括键盘事件、鼠标事件、表单事件、文档加载事件和浏览器事件等。jQuery 事件的常用方法见表 8-10。

表 8-10　jQuery 常用事件方法

方　　法	描　　述
blur( )	触发、或将函数绑定到指定元素的 blur 事件
change( )	触发、或将函数绑定到指定元素的 change 事件
click( )	触发、或将函数绑定到指定元素的 click 事件
dblclick( )	触发、或将函数绑定到指定元素的 dblclick 事件
die( )	移除所有通过 live()函数添加的事件处理程序
event.isDefaultPrevented( )	返回 event 对象上是否调用了 event.preventDefault()
event.pageX	相对于文档左边缘的鼠标位置
event.pageY	相对于文档上边缘的鼠标位置
event.preventDefault( )	阻止事件的默认动作
event.result	包含由被指定事件触发的事件处理器返回的最后一个值
event.target	触发该事件的 DOM 元素
event.timeStamp	该属性返回从 1970 年 1 月 1 日到事件发生时的毫秒数
event.type	描述事件的类型
event.which	指示按了哪个键或单击了哪个按钮
focus( )	触发、或将函数绑定到指定元素的 focus 事件
keydown( )	触发、或将函数绑定到指定元素的 keydown 事件
keypress( )	触发、或将函数绑定到指定元素的 keypress 事件
keyup( )	触发、或将函数绑定到指定元素的 keyup 事件
live( )	为当前或未来的匹配元素添加一个或多个事件处理器
mousedown( )	触发、或将函数绑定到指定元素的 mousedown 事件
mouseenter( )	触发、或将函数绑定到指定元素的 mouseenter 事件
mouseleave( )	触发、或将函数绑定到指定元素的 mouseleave 事件
mousemove( )	触发、或将函数绑定到指定元素的 mousemove 事件
mouseout( )	触发、或将函数绑定到指定元素的 mouseout 事件
mouseover( )	触发、或将函数绑定到指定元素的 mouseover 事件
mouseup( )	触发、或将函数绑定到指定元素的 mouseup 事件
one( )	向匹配元素添加事件处理器。每个元素只能触发一次该处理器
load( )	触发、或将函数绑定到指定元素的 load 事件
ready( )	文档就绪事件(当 HTML 文档就绪可用时)
unload( )	触发、或将函数绑定到指定元素的 unload 事件
error( )	触发、或将函数绑定到指定元素的 error 事件

续表

方　　法	描　　述
resize( )	触发、或将函数绑定到指定元素的 resize 事件
scroll( )	触发、或将函数绑定到指定元素的 scroll 事件
select( )	触发、或将函数绑定到指定元素的 select 事件
submit( )	触发、或将函数绑定到指定元素的 submit 事件
toggle( )	绑定两个或多个事件处理器函数，当发生轮流的 click 事件时执行
trigger( )	所有匹配元素的指定事件 trigger
triggerHandler( )	第一个被匹配元素的指定事件 triggerHandler

知识点 6：jQuery 动画

jQuery 动画方法主要有以下三类：基本动画函数、滑动动画函数、淡入淡出动画函数。如果要创建自己想要的动画效果，增强 jQuery 动画的扩展性，jQuery 也提供了函数来完成动画的自定义操作。jQuery 动画方法见表 8-11。

表 8-11　jQuery 动画方法

方　　法	描　　述
show( )	显示被选的元素
hide( )	隐藏被选的元素
toggle( )	对被选元素进行隐藏和显示的切换
fadeIn( )	逐渐改变被选元素的不透明度，从隐藏到可见
fadeOut( )	逐渐改变被选元素的不透明度，从可见到隐藏
fadeTo( )	把被选元素逐渐改变至给定的不透明度
slideDown( )	通过调整高度来滑动显示被选元素
slideToggle( )	对被选元素进行滑动隐藏和滑动显示的切换
slideUp( )	通过调整高度来滑动隐藏被选元素
animate( )	对被选元素应用"自定义"的动画
stop( )	停止在被选元素上运行动画
delay( )	对被选元素的所有排队函数(仍未运行)设置延迟
clearQueue( )	对被选元素移除所有排队的函数(仍未运行的)
dequeue( )	运行被选元素的下一个排队函数
queue( )	显示被选元素的排队函数

【实例 8-2】jQuery 动画的应用。

实例要求使用 jQuery 的选择器、事件和动画等知识实现以下功能：初始界面如图 8.4 所示，有文字"单击我显示按钮"、图片和 div 层(层初始大小 100px×100px，背景色为蓝色)；单击文字可以出现按钮【线性切换图片】和【自定义动画】，单击按钮【线性切换图片】可以以线性淡入淡出方式切换图片，单击按钮【自定义动画】可以将层的大小由原来的大小变为 150px×300px，再变回原来层的大小，并伴有透明度的变化。

图 8.4　初始界面图

(1) 利用编辑器编辑如下代码，并将文件保存为"sl8-2.html"。

```
<!doctype html>
<html>
<head>
<meta charset="utf-8">
<title>实例 8-2 jQuery 动画应用</title>
<script src="js/jquery.js"></script>
<script type="text/javascript">
$(document).ready(function(){
    $(".p1").click(function(){
        $("button").show();
        $(".p1").hide();
    });
  $("#btn1").click(function(){
  $("img").fadeToggle("slow","linear");
  });
  $("#btn2").click(function(){
   var div=$("div");
  div.animate({height:'150px',opacity:'0.4'},"slow");
  div.animate({width:'300px',opacity:'0.8'},"slow");
  div.animate({height:'100px',opacity:'0.4'},"slow");
  div.animate({width:'100px',opacity:'0.8'},"slow");
  });
});
</script>
</head>
<body>
```

```
<button type="button" id="btn1" style="display:none;">线性切换图片</button>
<button type="button" id="btn2" style="display:none;">自定义动画</button>
<p class="p1">单击我显示按钮</p>
<p><img src="images/img81.jpg" width="350" height="250"></p>
<div style="background:#0000ff;height:100px;width:100px; position:absolute;"></div>
</body>
</html>
```

(2) 在 Google Chrome 浏览器中浏览该网页，运行效果如图 8.5 所示。

图 8.5 jQuery 动画效果图

8.2 【案例 18】使用 jQuery UI+Ajax 实现快速注册

➤ 案例陈述

在上一个案例中虽然实现模拟窗口效果,但还有许多不足之处,如移动窗口和改变尺寸等。如果自己编程实现难度较大而且效果不一定好,这里有一个更好的解决方法,就是使用 jQuery UI(一种 jQuery 官方插件)。

本案例效果是单击首页【快速注册】按钮后模态显示【快速注册新用户】对话框,再用 jQuery 封装 Ajax 技术把注册的数据添加到数据库中,实现前台页面和后台程序交互。效果如图 8.6 和图 8.7 所示。

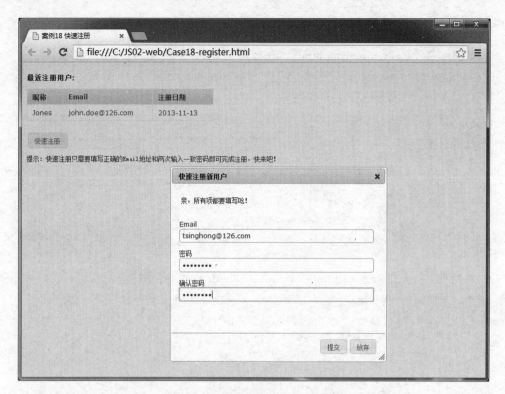

图 8.6 快速注册模态窗口效果图

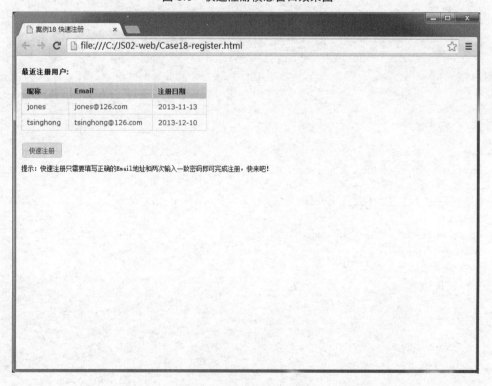

图 8.7 成功注册后效果图

➢ 案例实施

(1) 新建网页"Case18-register.html",在该网页代码<head>标签内引入 jQuery 库、jQuery UI 插件和 jQuery UI 的样式。创建一个名为"case18-register.css"的样式表文件和 register.js 代码文件并引入该网页中,代码如下所示:

```
<head>
<meta http-equiv="Content-Type" content="text/html; charset=utf-8" />
<title>案例18 快速注册</title>
<script type="text/javascript" src="js/jquery.js"></script>
<script type="text/javascript" src="js/jquery-ui.js"></script>
<script type="text/javascript" src="js/register.js"></script>
<link rel="stylesheet" href="themes/base/jquery.ui.all.css">
<link rel="stylesheet" href="css/case18-register.css" type="text/css" />
</head>
```

(2) 在网页"Case18-register.html"<body>...</body>标签内添加对应代码,代码如下所示:

```
<div class="demo">
<div id="dialog-form" title="快速注册新用户">
<p class="validateTips">亲,所有项都要填写哟!</p>
<form>
<fieldset>
<label for="email">Email</label>
<input type="text" name="email" id="email" value="" class="text ui-widget-content
ui-corner-all" />
<label for="password">密码</label>
<input type="password" name="password" id="password" value="" class="text
ui-widget-content ui-corner-all" />
<label for="password2">确认密码</label>
<input type="password" name="password2" id="password2" class="text ui-widget-content
ui-corner-all" />
</fieldset>
</form>
</div>
<div id="users-contain" class="ui-widget">
<h1>最近注册用户:</h1>
<table id="users" class="ui-widget ui-widget-content">
<thead>
<tr class="ui-widget-header ">
<th>昵称</th>
<th>Email</th>
<th>注册日期</th>
</thead>
<tbody>
<tr>
<td>Jones</td>
<td>john.doe@126.com</td>
<td>女</td>
</tr>
</tbody>
</table>
```

```
</div>
<button id="create-user">快速注册</button>
</div><!-- End demo -->
<div class="demo-description">
<p>提示：快速注册只需要填写正确的 Email 地址和两次输入一致密码即可完成注册，快来吧！</p>
</div>
```

(3) 在"case18-register.css"样式表文件添加窗口样式，代码如下所示：

```
body { font-size: 62.5%; }
label, input { display:block; }
input.text { margin-bottom:12px; width:95%; padding: .4em; }
fieldset { padding:0; border:0; margin-top:25px; }
h1 { font-size: 1.2em; margin: .6em 0; }
div#users-contain { width: 350px; margin: 20px 0; }
div#users-contain table { margin: 1em 0; border-collapse: collapse; width: 100%; }
div#users-contain table td, div#users-contain table th { border: 1px solid #eee;
padding: .6em 10px; text-align: left; }
.ui-dialog .ui-state-error { padding: .3em; }
.validateTips { border: 1px solid transparent; padding: 0.3em; }
```

(4) 在 register.js 代码文件添加 jQuery 代码，代码如下所示：

```
$(document).ready(function(){
 // 初始化注册对话框
.$( "#dialog-form" ).dialog({
autoOpen: false,//开始隐藏
height: 350,
width: 400,
modal: true, // 创建模式对话框
buttons: {
"提交": function() {/*处理代码*/},
"放弃": function() {
$( this ).dialog( "close" );
}
}
});
//在按钮的单击事件中，弹出对话框
$( "#create-user" )
.button()
.click(function() {
$( "#dialog-form" ).dialog( "open" );// 弹出对话框
});
});
```

以上操作可以实现模式打开和关闭【快速注册新用户】对话框。

代码中$("#dialog-form").dialog( )方法功能是初始化和操作对话框。该方法提供一些属性帮助用户进行初始化设置，如$("#dialog-form").dialog({autoOpen: false })表示开始隐藏对话框，直到.dialog("open")的时候才弹出 dialog 对话框，还有 height 和 width 表示设置对话框高和宽，model 设置 true 表示模式显示对话框，false 表示非模式；buttons 属性用来设置对话框中的按钮和单击按钮的处理程序。

(5) 要想成功注册并获取注册后的数据，需要使用本书提供的后台数据处理程序

SaveUser.asp，但需要配置 Web 服务器环境才能运行，具体配置这里不再介绍。同时修改 register.js 代码文件可添加 jQuery 有关数据验证和 Ajax 代码，代码如下所示：

```javascript
$(document).ready(function(){
$( "#dialog:ui-dialog" ).dialog( "destroy" );
var password2 = $( "#password2" ),
email = $( "#email" ),
password = $( "#password" ),
allFields = $( [] ).add( password2 ).add( email ).add( password ),
tips = $( ".validateTips" );
//更新提示信息
function updateTips( t ) {
tips
.text( t )
.addClass( "ui-state-highlight" );
setTimeout(function() {
tips.removeClass( "ui-state-highlight", 1500 );
}, 500 );
}
//检查对象输入长度
function checkLength( o, n, min, max ) {
if ( o.val().length > max || o.val().length < min ) {
o.addClass( "ui-state-error" );
updateTips( "Length of " + n + " must be between " +min + " and " + max + "." );
return false;
} else {
return true;
}
}
//检查两次密码一致
function checkPassword( o, n) {
if ( o.val() != n.val()  ) {
o.addClass( "ui-state-error" );
updateTips( "两次密码不一样" );
return false;
} else {
return true;
}
}
//检查规则
function checkRegexp( o, regexp, n ) {
if ( !( regexp.test( o.val() ) ) ) {
o.addClass( "ui-state-error" );
updateTips( n );
return false;
} else {
return true;
}
```

```
}
$( "#dialog-form" ).dialog({
autoOpen: false,
height: 350,
width: 400,
modal: true,
buttons: {
"提交": function() {
var bValid = true;
allFields.removeClass( "ui-state-error" );
bValid = bValid && checkLength( email, "email", 6, 80 );
bValid = bValid && checkLength( password, "password", 5, 16 );
bValid = bValid && checkPassword(password,password2);
bValid = bValid && checkRegexp( email, /^((([a-z]|\d|[!#\$%&'\*\+\-\/=\?
\^_`{\|}~]|[\u00A0-\uD7FF\uF900-\uFDCF\uFDF0-\uFFEF])+(\.([a-z]|\d|[!#\$%&'\*\
+\-\/=\?\^_`{\|}~]|[\u00A0-\uD7FF\uF900-\uFDCF\uFDF0-\uFFEF])+)*)|((\x22)((((\
x20|\x09)*(\x0d\x0a))?(\x20|\x09)+)?(([\x01-\x08\x0b\x0c\x0e-\x1f\x7f]|\x21|[\
x23-\x5b]|[\x5d-\x7e]|[\u00A0-\uD7FF\uF900-\uFDCF\uFDF0-\uFFEF])|(\\([\x01-\x0
9\x0b\x0c\x0d-\x7f]|[\u00A0-\uD7FF\uF900-\uFDCF\uFDF0-\uFFEF]))))*(((\x20|\x09
)*(\x0d\x0a))?(\x20|\x09)+)?(\x22)))@(((([a-z]|\d|[\u00A0-\uD7FF\uF900-\uFDCF\u
FDF0-\uFFEF])|(([a-z]|\d|[\u00A0-\uD7FF\uF900-\uFDCF\uFDF0-\uFFEF])([a-z]|\d|-
|\.|_|~|[\u00A0-\uD7FF\uF900-\uFDCF\uFDF0-\uFFEF])*([a-z]|\d|[\u00A0-\uD7FF\
uF900-\uFDCF\uFDF0-\uFFEF])))\.)+(([a-z]|[\u00A0-\uD7FF\uF900-\uFDCF\uFDF0-\uF
FEF])|(([a-z]|[\u00A0-\uD7FF\uF900-\uFDCF\uFDF0-\uFFEF])([a-z]|\d|-|\.|_|~|[\
u00A0-\uD7FF\uF900-\uFDCF\uFDF0-\uFFEF])*([a-z]|[\u00A0-\uD7FF\uF900-\uFDCF\uF
DF0-\uFFEF])))\.?$/i, "eg. ui@jquery.com" );
bValid = bValid && checkRegexp( password, /^([0-9a-zA-Z])+$/, "Password field
only allow : a-z 0-9" );
//判断是否通过验证
if (bValid){
$.get("admin/SaveUser.asp",{
Email:email.val(),
password:password.val(),
regdate:now().date(),
username:email.val().split("@")[0]
},function(data){
var myname=data.username;
var myemail=data.email;
var mydate=data.regdate;
$( "#users tbody" ).append( "<tr>" +"<td>" + myname.val() + "</td>" + "<td>"
+ myemail.val() + "</td>" + "<td>" + mydate.val() + "</td>" +"</tr>" );
$( this ).dialog( "close" );
},"json");
}
},
"放弃": function() {
$( this ).dialog( "close" );
}
```

```
}
});
$( "#create-user" )
.button()
.click(function() {
$( "#dialog-form" ).dialog( "open" );
});
});
```

代码中使用了 jQuery Ajax 的$.get( )方法将页面上的 form 表单中信息传递到服务器并保存到数据库中。传递的数据格式有几种选择，常见的有 JSON、XML，这里采用 JSON 格式。

➢ **知识准备**

知识点 1：jQuery 插件

jQuery 插件是为了扩展 jQuery 的功能，给已经有的一系列方法或函数做一个封装，以便在其他地方重复使用。jQuery 官网 http://plugins.jquery.com/设置了专门的插件主页，可供开发者下载各种各样的插件和共享自己的插件。在使用插件前，要先下载文件，然后将文件放到自己的项目中，再将插件包含到 HTML 文档的<head>标签。但是在引入插件的.js 文件之前，一定要先引入主 jQuery 的源文件。

jQuery 插件种类很丰富，数量达到千余个，常用的插件有 Form 插件(采用 Ajax 的方式将HTML 文档的表单提交到服务器)；jQuery UI 插件；clueTip 插件(当鼠标划过某个词或图片时，会出现一个提示框，提供这个词更丰富的解释或者一个更大的图片)、模态窗口插件、管理cookie 的插件等，也可以自定义编写 jQuery 插件。

知识点 2：jQuery UI 插件

jQuery UI(jQuery User Interface) 源于 Interface 插件发展起来，是 jQuery 官方推出的配合jQuery 使用的用户界面组件集合。它包含了许多的界面操作功能，如常用的表格排序、拖动、Tab 选项卡、滚动条、相册浏览、日历控件、对话框等 JS 插件，专门为 Web 前端开发提供快速高效的 UI 交互设计。

jQuery UI 主要分为三个部分：交互、微件(Widget)和效果库。交互指的是一些与鼠标交互相关的内容，包括拖动、置放、缩放、选择和排序；微件主要是一些界面的扩展，包括非常多的界面效果，如日历、放大镜、进度条等；效果库的主要功能是提供丰富的动画效果，让动画不再局限于 jQuery 的动画效果。前两部分的库需要一个 jQuery UI 核心库 ui.core.js 的支持。可以到 ui.jquery.com/download 官网下载；下载包是完整套件，包括源码、发行版和测试驱动等。

本章节【案例 18】的<head>标签中引用的 jquery-ui.js 是一个通用包，它包含了 jQuery UI的所有扩展插件。jquery.ui.all.css 是 jQuery UI 提供的主题样式表，里面提供大量 ui 元素的样式；也可以结合实际选择合适的 jquery-ui-xxx.js 插件和 jquery.ui.xxx.css 样式，这样的代码就更为精简。

【实例 8-3】jQuery UI 插件的应用。

实例主要使用 jQuery UI 插件中的 datepicker 实现日历效果。

(1) 利用编辑器编辑如下代码，并将文件保存为"sl8-3.html"。

```
<!doctype html>
<html lang="en">
<head>
  <meta charset="utf-8">
  <title>实例 8-3 jQuery UI 插件--日历</title>
  <link rel="stylesheet" href="jquery-ui.css">
  <script src="jquery-1.9.1.js"></script>
  <script src="http://code.jquery.com/ui/1.10.3/jquery-ui.js"></script>
  <script>
  $(function() {
    $( "#datepicker" ).datepicker();
  });
  </script>
</head>
<body>
<p>请选择日期: <input type="text" id="datepicker"></p>
</body>
</html>
```

(2) 在 Google Chrome 浏览器中浏览该网页，运行效果如图 8.8 所示。

图 8.8　jQuery UI 日历效果图

知识点 3：jQuery Ajax

Ajax(Asynchronous Javascript and XML)异步 Javascript 和 XML，就是一种无需刷新页面即可从服务器上加载数据，并在网页上进行显示的技术。Ajax 的核心是 XMLHttpRequest 对象，整个 Ajax 之所以能完成异步请求并获取数据完全依赖该对象。但是由于不同厂商的浏览器产品对 XMLHttpRequest 对象的实现不一致，JavaScript 编程实现比较繁琐，兼容难保证。jQuery Ajax 帮助开发者解决了这个问题，保证代码对各种浏览器的兼容性。

jQuery 对 Ajax 操作进行了封装，提供了多个与 Ajax 有关的方法。在 jQuery 中$.Ajax( )方法属于最底层的方法，第 2 层是 load( )、$.get( )和$.post( )方法，第 3 层是$.getScript( )方法和$.getJSON( )方法。通过这些方法，可以使用 HTTP Get 和 HTTP Post 从远程服务器上请求文本、HTML、XML 或 JSON，同时也能够把这些外部数据直接载入网页的被选元素中。

jQuery Ajax 操作函数见表 8-12。

表 8-12 jQueryAjax 操作函数

函　　数	描　　述
jQuery.Ajax( )	执行异步 HTTP (Ajax) 请求
.AjaxComplete( )	当 Ajax 请求完成时注册要调用的处理程序。这是一个 Ajax 事件
.AjaxError( )	当 Ajax 请求完成且出现错误时注册要调用的处理程序。这是一个 Ajax 事件
.AjaxSend( )	在 Ajax 请求发送之前显示一条消息
jQuery.AjaxSetup( )	设置将来的 Ajax 请求的默认值
.AjaxStart( )	当首个 Ajax 请求完成开始时注册要调用的处理程序。这是一个 Ajax 事件
.AjaxStop( )	当所有 Ajax 请求完成时注册要调用的处理程序。这是一个 Ajax 事件
.AjaxSuccess( )	当 Ajax 请求成功完成时显示一条消息
jQuery.get( )	使用 HTTP GET 请求从服务器加载数据
jQuery.getJSON( )	使用 HTTP GET 请求从服务器加载 JSON 编码数据
jQuery.getScript( )	使用 HTTP GET 请求从服务器加载 JavaScript 文件，然后执行该文件
.load( )	从服务器加载数据，然后返回到 HTML 放入匹配元素
jQuery.param( )	创建数组或对象的序列化表示，适合在 URL 查询字符串或 Ajax 请求中使用
jQuery.post( )	使用 HTTP POST 请求从服务器加载数据
.serialize( )	将表单内容序列化为字符串
.serializeArray( )	序列化表单元素，返回 JSON 数据结构数据

知识点 4：jQuery 提供 Ajax 请求方法

jQuery 提供了 Ajax 请求方法，如全局方法$.Ajax( )、$.get( )、$.post( )、$.getJSON( )、$.getScript( )和 jQuery 对象的 load( )方法向服务器请求 XML、JSON 数据、HTML 页面等相关数据；Ajax 事件用于 Ajax 请求的处理过程，如 AjaxStop；其他还有一些辅助方法，如$.AjaxSetup (options)用来注册全局选项，serialize 和 serializeArray( )可以序列化表单数据。

jQuery Ajax 请求见表 8-13。

表 8-13 jQueryAjax 请求

请　　求	描　　述
$(selector).load(url,data,callback)	把远程数据加载到被选的元素中
$.Ajax(options)	把远程数据加载到 XMLHttpRequest 对象中
$.get(url,data,callback,type)	使用 HTTP Get 来加载远程数据
$.post(url,data,callback,type)	使用 HTTP Post 来加载远程数据
$.getJSON(url,data,callback)	使用 HTTP Get 来加载远程 JSON 数据
$.getScript(url,callback)	加载并执行远程的 JavaScript 文件

表 8-13 中的参数含义如下：url 为被加载的数据的 URL(地址)；data 为发送到服务器的数据的键/值对象；callback 为当数据被加载时，所执行的函数；type 为被返回的数据的类型，如

html、xml、json、jasonp、script、text 等；options 为完整 Ajax 请求的所有键/值对选项。

【实例 8-4】jQuery Ajax 的应用。

实例主要实现使用$(selector).load(url)和$.Ajax(options)来改变 HTML 内容。

(1) 利用编辑器编辑如图 8.9 所示效果，将文件保存为"sl8-4.html"。

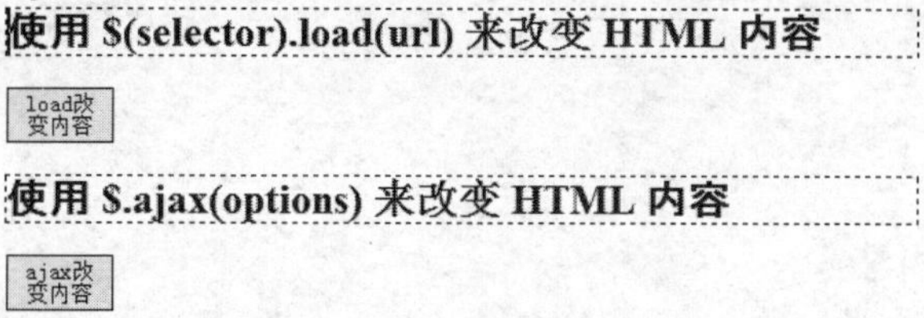

使用 $(selector).load(url) 来改变 HTML 内容

load改
变内容

使用 $.ajax(options) 来改变 HTML 内容

ajax改
变内容

图 8.9　页面编辑效果图

(2) 修改代码如下：

```html
<html>
<head>
<meta charset="utf-8">
<title>实例 8-4 jQuery</title>
<script type="text/javascript" src="jquery/jquery.js"></script>
<script type="text/javascript">
$(document).ready(function(){
  $("#b01").click(function(){
  $('#myDiv').load("jquery/test1.txt");
  });
   $("#b02").click(function(){
  htmlobj=$.Ajax({url:"jquery/test1.txt",async:false});
  $("#myDiv2").html(htmlobj.responseText);
   });
});
</script>
</head>
<body>
<div id="myDiv">
<h2>使用 $(selector).load(url) 来改变 HTML 内容</h2>
</div>
<button id="b01" type="button">load 改变内容</button>
<div id="myDiv2"><h2>使用 $.Ajax(options) 来改变 HTML 内容</h2>
</div>
<button id="b02" type="button">Ajax 改变内容</button>
</body>
</html>
```

(3) 使用"记事本"，输入相关文字，把文件保存为"text1.txt"，注意选择编码为"UTF-8"，否则中文字符将无法正常显示，如图 8.10 所示。

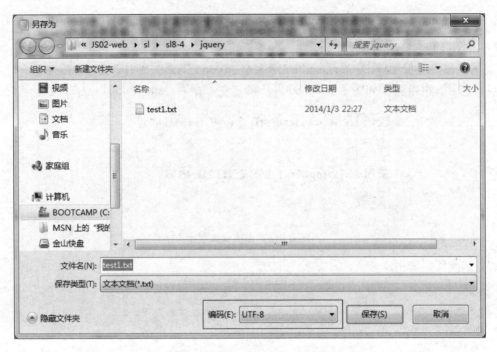

图 8.10　【另保存】对话框

(4) 配置好 Web 服务器环境后在 IIS 中运行 "sl8-4.html"，效果如图 8.11 所示。

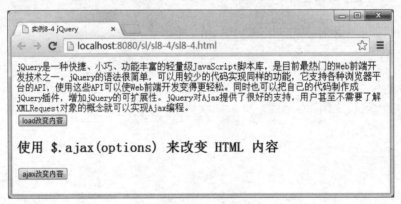

图 8.11　页面运行效果

(5) 代码简要分析。jQuery 的 load 函数是一种简单的(但很强大的)Ajax 函数。它的语法如下：

```
$(selector).load(url,data,callback)
```

使用 selector 定义要改变的 HTML 元素，使用 url 参数指定数据的 Web 地址；希望向服务器发送数据时，才需要使用 data 参数；需要在执行完毕之后触发一个函数时，才需要使用 callback 参数。

$.Ajax 是低层级 Ajax 函数，提供了比高层级函数更多的功能，但是同时也更难使用，语法如下：

```
$.Ajax(options)
```

option 参数设置的是 name|value 对，定义 url 数据、密码、数据类型、过滤器、字符集、超时以及错误函数。

8.3　本章小结

本章节主要介绍 JavaScript 最常用开源库插件 jQuery 的基本概念、结构、语法和如何下载引用；介绍了 jQuery 选择器、事件和动画的概念；介绍了 jQuery UI 插件和 jQuery Ajax 的相关知识和使用方法；结合先前的网页，设计制作广告层窗口和模态窗口形式显示快速注册窗口，并用 Ajax 技术完成与后台交互。通过本章的学习，读者可以掌握 JavaScript 程序库和 Ajax 概念，运用 jQuery 来完成原来 JavaScript 程序设计，使用 jQuery UI 设计出更美观、更具交互性的网页，使用 jQuery Ajax 技术实现与后台程序交互。

8.4　习　　题

1. 选择题

(1) (　　)不是 jQuery 的选择器。
　　A．基本选择器　　　　　　　　　B．后代选择器
　　C．类选择器　　　　　　　　　　D．进一步选择器
(2) 如果需要匹配包含文本的元素，用(　　)来实现。
　　A．text( )　　　　B．contains( )　　　C．input( )　　　　D．attr(name)
(3) 如果想要找到一个表格的指定行数的元素，用(　　)方法可以快速找到指定元素。
　　A．text( )　　　　B．get( )　　　　　C．eq( )　　　　　D．contents( )
(4) 在 jQuery 中，如果想要获取当前窗口的宽度值，用(　　)实现该功能。
　　A．width( )　　　B．width(val)　　　C．width　　　　　D．innerWidth( )
(5) 在 jQuery 中想要实现通过远程 HTTP Get 请求载入信息功能的是(　　)事件。
　　A．$.Ajax( )　　B．load(url)　　　　C．$.get(url)　　　D．$. getScript(url)
(6) 不属于 Ajax 事件的是(　　)。
　　A．AjaxComplete(callback)　　　　B．AjaxSuccess(callback)
　　C．$.post(url)　　　　　　　　　　D．AjaxSend(callback)
(7) 使用 jQuery 检查<input type="hidden" id="id" name="id" />元素在网页上是否存在的语句(　　)。
　　A．if($("#id")) {　//do someing　　　}
　　B．if($("#id").length > 0) {　//do someing　　　}
　　C．if($("#id").length( ) > 0) {　//do someing　　　}
　　D．if($("#id").size > 0) {　//do someing　　　}
(8) <a href="xxx.jpg" title="温家宝出席学校……">新闻</a>，获取<a>元素 title 的属性值(　　)。
　　A．$("a").attr("title").val( );　　　　B．$("#a").attr("title");
　　C．$("a").attr("title");　　　　　　　D．$("a").attr("title").value;
(9) 下面说法不正确的是(　　)。
　　A．$(":hidden")选取<input>的 type 类型是 hidden 的不可见元素

B．$("div >span")选取<div>元素下元素名是<span>的子元素

C．$("div :first")选取所有<div>元素中第一个<div>元素

D．$("input:gt(1)")选取索引值大于 1 的<input>元素

(10) 下列函数中不属于 Ajax 第二层函数的是(　　)。

A．load( )　　　　B．getJSON( )　　C．get( )　　　　D．post( )

(11) 下列不属于 Ajax 函数接收服务器端返回数据类型时的处理方法的是(　　)。

A．html 方式　　　B．text 方式　　C．CSS 方式　　D．xml 方式

(12) 下列不属于 jQuery 插件的是(　　)。

A．Form 插件　　　　　　　　B．jQuery UI 插件

C．Ajax 插件　　　　　　　　D．clueTip 插件

(13) jQuery 插件无须考虑的问题是(　　)。

A．使得项目不利于维护

B．增加了原始页面的大小

C．由于一些新知识的引入，增加了学习的成本

D．减少了原始页面的大小

(14) 下列不属于 jQuery UI 主要组成部分的是(　　)。

A．交互　　　　　　　　　　B．微件(Widget)

C．响应　　　　　　　　　　D．效果库

2．填空题

(1) 可以使用_____方法和_____方法将事件绑定到事件处理函数。

(2) 可以使用_____方法移除绑定到匹配元素的事件处理器函数。

(3) jQuery 的每个事件处理函数都包含一个_____对象作为参数。

(4) 使用_____可以选取网页中所有 a 元素。

(5) 使用_____可以选取网页中所有的 HTML 元素。

(6) 使用_____可以选择表格的第 1 行。

(7) 使用_____过滤器可以匹配所有索引值为偶数的元素。

(8) 使用_____过滤器可以匹配包含指定文本的元素。

(9) jQuery 访问对象中的 size( )方法的返回值和 jQuery 对象的_____属性一样。

(10) jQuery 中$(this).get(0)的写法和_____是等价的。

(11) 在一个表单里，想要找到指定元素的第一个元素用_____实现，那么第二个元素用_____实现。

(12) 在 jQuery 中，想让一个元素隐藏，用_____实现，显示隐藏的元素用_____实现。

(13) 在 jQuery 中，如果想要自定义一个动画，用_____函数来实现。

3．判断题

(1) 使用$("#Id")可以选取 ID 为 Id 的 HTML 元素。　　　　　　　　　(　　)

(2) 使用$("form～input")可以选择表单中的所有 input 元素。　　　　　(　　)

(3) 使用$("label+input")可以选择所有紧接在 label 元素后面的 input 元素。(　　)

(4) 绑定 2 个或更多处理函数到指定元素，当单击指定元素时，交替执行时处理函数的方法为 toggle( )。　　　　　　　　　　　　　　　　　　　　　　　　　(　　)

(5) hover( )方法用于指定鼠标指针进入和离开指定元素时的处理函数。　　　　　(　　)

(6) 子选择器的语法和后代选择器类似，中间要加的选择器为+。　　　　　　　　(　　)

(7) 选取某个层次下所有的标签元素可用$(">")选择器。　　　　　　　　　　　　(　　)

(8) hide( )函数有三种预设速度作为参数，分别是 slow、normal、quick。　　　　(　　)

(9) $("#form:disabled")选取 id 为 form 的表单内的所有不可用元素。　　　　　　(　　)

(10) 页面中有三个元素：<div>div 标签</div>、span 标签、<p>p 标签</p>，如果这三个标签要触发同一个事件，$("div,span,p").click(function( ){　　//…　　　　});以上写法错误。　　　　　　　　　　　　　　　　　　　　　　　　　　　　　　　　　　(　　)

(11) siblings([expr])可以实现在 jquery 中找到所有元素的同辈元素。　　　　　　(　　)

(12) $(":hidden")选取<input>的 type 类型是 hidden 的不可见元素。　　　　　　(　　)

4．操作题

(1) 使用 jQuery+DIV 设计制作层窗口，要求单击【屏幕中间显示窗口】按钮后，在网页中间位置显示层窗口，如图 8.12 所示。

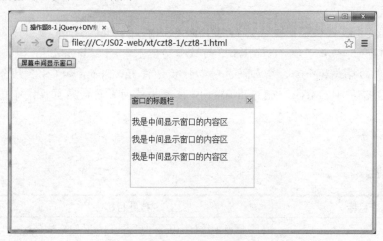

图 8.12　层窗口效果图

(2) 基于 jQuery UI 设计开发可折叠菜单，效果如图 8.13 所示。

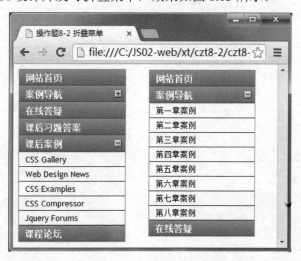

图 8.13　可折叠菜单效果图

第9章 HTML5+CSS3 技术

HTML5 和 CSS3 代表了下一代的 HTML 和 CSS 技术，JavaScript 语言作为目前流行的脚本语言，与 HTML5 密不可分，HTML5 中的核心功能基本都要 JavaScript 语言的支持。CSS3 可以设置网页上的样式和布局，增加网页静态特效，将 JavaScript 和 CSS3 结合可以创建出大量的动态特效。使用 HTML5+CSS3+JavaScript 技术构建网页，使网页样式布局更标准、样式更美观。

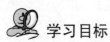 学习目标

知识目标	技能目标	建议课时
(1) 了解 HTML5 和 CSS3 的新功能 (2) 熟悉 HTML5 中的 Canvas 元素 (3) 熟悉 CSS3 中的媒体查询功能 (4) 熟悉 JavaScript 常用插件的使用	(1) 能够掌握 HTML5 和 CSS3 的新功能编写并美化网页 (2) 能够熟练使用 JavaScript 和 Canvas 绘制图形 (3) 能够熟练使用 CSS3 中的媒体查询功能使网页自适应布局 (4) 能够在 HTML 中插入 JavaScript 常用插件实现浏览器兼容问题	4 学时

9.1 【案例 19】绘制指针式动态时钟

➤ **案例陈述**

本案例使用 HTML5 中的 Canvas 画布和 JavaScript 技术在首页中绘制指针式动态时钟，效果如图 9.1 所示。

图 9.1 指针式动态时钟效果图

➤ **案例实施**

(1) 使用 Dreamweaver 将网页 "Case17.html" 另存为网页 "Case19.html"，将画布代码添加到网页代码<div class="leftBottom">…</div>标签中。

```
<div class="leftBottom">
<canvas id="myCanvas" width="150px" height="150" style="border:1px solid #ccc;
margin:20px 60px;">你的浏览器不支持 canvas</canvas>
</div>
```

(2) 在<head>标签中<script>…</script>标签添加绘制动态时钟代码，代码如下所示：

```
<script>
function drawclock(){
    clock();
    setInterval(clock,1000);//每一秒钟重新绘制一次
};
    function clock(){
    //得到时分秒
    var now=new Date();
var sec=now.getSeconds();
var min=now.getMinutes();
```

```
var hour=now.getHours();
    hour=hour>=12?hour-12:hour;
  var c=document.getElementById("myCanvas").getContext("2d");
    c.save();
//清除画布，需注意高宽度的设置，否则画布将清除一半，后面的会不停地重合
    c.clearRect(0,0,150,150);              //初始化画布
    c.translate(75,75);
    c.scale(0.4,0.4);
    c.rotate(-Math.PI/2);                  //画布选择角度
    c.strokeStyle="black";                 //设置路径颜色
    c.fillStyle="black";
    c.lineWidth=8;                         //设置线的宽度
    c.lineCap="round";                     //设置线段的末端如何绘制
    c.save();
    c.beginPath();
    for(var i=0;i<12;i++){                 //小时刻度
      c.rotate(Math.PI/6);
      c.moveTo(100,0);
      c.lineTo(120,0);
    }
    c.stroke();
    c.restore();
    c.save();
    c.lineWidth=5;
    c.beginPath();
    for(var i=0;i<60;i++){                 //分钟刻度
      if(i%5!=0){
        c.moveTo(117,0);
        c.lineTo(120,0);
      }
      c.rotate(Math.PI/30);
    }
    c.stroke();
    c.restore();
    c.save();
c.rotate((Math.PI/6)*hour+(Math.PI/360)*min+(Math.PI/21600)*sec);//画上时针
    c.lineWidth=14;
    c.beginPath();
    c.moveTo(-20,0);
    c.lineTo(75,0);
    c.stroke();
    c.restore();
    c.save();
    c.rotate((Math.PI/30)*min+(Math.PI/1800)*sec);//分针
    c.strokeStyle="#29A8DE";
    c.lineWith=10;
    c.beginPath();
    c.moveTo(-28,0);
    c.lineTo(102,0);
    c.stroke();
    c.restore();
    c.save();
```

```
          c.rotate(sec*Math.PI/30);                //秒针
          c.strokeStyle="#D40000";
          c.lineWidth=6;
          c.beginPath();
          c.moveTo(-30,0);
          c.lineTo(83,0);
          c.stroke();
          c.restore();
          c.save();
          //表框
          c.lineWidth=14;
          c.strokeStyle="#325FA2";
          c.beginPath();
          c.arc(0,0,142,0,Math.PI*2,true);
          c.stroke();
          c.restore();
          c.restore();           /*返回两次，因为要返回到第一个save()的状态，即初始化状态*/
     }
…//省略部分代码
function myMain(){
makeMenu();
change_img();
drawclock();
window.alert(" 本网站主要提供网页常见特效，涉及 JavaScript 知识和实现技巧可参详本书相
关章节，希望能在网站设计中给予帮助！");
inix();
}
</script>
```

➢　知识准备

知识点 1：HTML5 新功能

HTML5 是下一代 HTML 的标准，目前仍然处于发展阶段。基于良好的设计理念，HTML5
不但增加了许多新功能，还解决了之前 Web 页面中存在的诸多问题。HTML5 的新功能如下。

1) 简化的文档类型和字符编码

DOCTYPE 声明是 HTML 文件中必不可少的内容，它位于文件的第一行，声明了 HTML
文件遵循规范。HTML5 中的 DOCTYPE 代码声明简化为：

```
<!doctype html>
```

字符集的声明也是非常重要的，它决定了页面文件的编码方式。HTML5 中的字符集声明
简化为：

```
<meta charset="utf-8">
```

2) 新增语义化标记，使文档结构明确

一个典型的页面设计中通常会包含头部、页脚、导航、主体内容和侧边内容等区域。HTML5
引入了与文档结构相关联的结构元素，见表 9-1。

表 9-1　HTML5 中的结构元素

元素名称	说　　明
header	Web 页面或区域头部的内容
nav	Web 页面中导航类内容区域
article	与上下文不相关的独立区域
aside	与文档主要内容相关的侧边内容或引文区域
section	Web 页面中的一块区域
footer	Web 页面或区域底部的内容

3) form 表单增强功能

HTML5 为表单提供了几个新的属性、input 类型和标签，如 url、email、date、times、range、search、required 等，使用这些标签将大大简化开发复杂度，如使用 date 标签后就不再需要利用 JavaScript 代码即可选择日期。同时 HTML5 自带表单验证功能，可以减少开发者对表单验证功能的代码编写工作。

4) 实现 2D 绘图的 Canvas 对象

HTML5 中提供了 Canvas 元素供 JavaScript 进行绘图操作，可绘制路径、矩形、圆形、字符及添加图像，也可以实现动画。

5) 无需插件支持的视频/音频

使用 HTML5 的<audio>和<video>标签，将不再需要调用浏览器的插件或者工具即可直接播放视频和音频。当然，不同的浏览器提供商对音频/视频格式也是不同的。目前已知格式：音频有.ogg、.mp3、.wav 等；视频有.avi、.flv、.mp4、.mkv、.ogv 等。

6) 离线应用缓存

离线存储主要是通过应用程序缓存整个离线网站的 HTML、CSS、JavaScript、网站图像和资源，使得 Web 应用可以在用户离线的状况下进行访问。离线存储有两个特性：离线资源缓存和本地数据存储。

7) 可编辑内容、拖放

使用 HTML5 可以在页面的某个地方允许用户编辑页面，使用该特性之后，页面将允许用户编辑、删除、插入内容，并且可以用 JavaScript 添加保存或应用样式。

HTML5 为元素新增了用于拖放的属性 draggable，这个属性决定了元素是否能被拖放。图片和超链接默认认是可拖放的。

对于这些新功能，支持 HTML5 的浏览器在处理 HTML 代码错误的时候会更灵活，而那些不支持 HTML5 的浏览器将忽略 HTML5 代码，不同浏览器对 HTML5 新特性的支持程度也不一样。

【实例 9-1】HTML5 文档结构应用。

实例要求使用 HTML5 语法改写【实例 2-8】中的页面结构。

(1) 利用编辑器编辑如下代码，并将文件保存为"sl9-1.html"。

```
<!doctype html>
<html>
<head>
```

```
<meta charset="utf-8">
<title>实例 9-1 HTML5 编写网页结构</title>
<style type="text/css">
body{
background:#CCC;
margin:0;/*消除 body 的空白*/
padding:0;
text-align:center;
}
container {
width: 1000px;
background:#69F;
margin:0 auto;/*侧边的自动值与宽度结合使用，可以将布局居中对齐*/
text-align:left;
}
header {
padding:10px 0;
background:#F0F;
}
nav{
padding:10px 0;
background:#00F;
}
section{
float:left;
background-color:#990066;
width:700px;
}
aside{
float:right;
background-color:#FF0;
width:300px;
}
aside article {
width: 100%;
background-color:#F06;
}
article {
width: 100%;
background-color:#96C;
}
footer {
clear:both;/*清除前后的浮动元素，使页脚显示在最下方*/
position:relative;
padding:10px 0;
background-color:#F99;
}
</style>
</head>
<body>
<div class="container">
  <header>
```

```
            <h1>header</h1>
        </header>
        <nav>
            <h1>nav</h1>
        </nav>
        <section>
        <h1>section</h1>
          <article>
                <h3>article1</h3>
                <h3>article1</h3>
          </article>
          <article>
                <h3>article2</h3>
                <h3>article2</h3>
          </article>
          </section>
            <aside>
            <h1>aside</h1>
            <article>
            <h3>article3</h3>
            <h3>article3</h3>
            <h3>article3</h3>
               <h3>article3</h3>
            </article>
            </aside>
          <footer>
            <h1>footer</h1>
        </footer>
        </div>
        </body>
        </html>
```

(2) 在 Google Chrome 浏览器中浏览该网页，运行效果如图 9.2 所示。

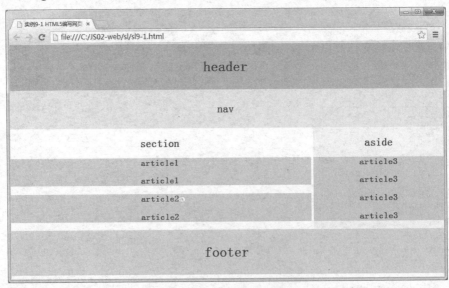

图 9.2　使用 HTML5 编写的页面图

知识点 2：使用 JavaScript 绘制图形

JavaScript 通过调用 HTML5 中的 Canvas 元素实现绘制图形和动画的功能。

1）创建 Canvas 元素

<canvas>标记是 HTML 的新元素，它是一个矩形区域，包含 width 和 height 两个属性，这两个属性是可选的，并可以像其他标记一样应用 CSS 样式表。Canvas 在网页中常用形式如下：

```
<canvas id="mycanvas" width="300px" height="300px" style="border:1px solid
#ccc" >你的浏览器不支持 canvas</canvas>
```

2）使用 JavaScript 实现绘图的流程

画布 Canvas 本身不具有绘制图形的功能，只是一个容器，所有的绘制工作需在 JavaScript 内部完成。使用 Canvas 结合 JavaScript 绘制图形，一般有以下步骤。

（1）使用 document 对象的 getElementById( )方法获取页面中的画布 Canvas 对象。

```
var canvas = document.getElementById("mycanvas");
```

（2）创建二维的绘图上下文对象。

```
var context = canvas.getContext("2d");
```

getContext( )函数返回一个指定 contextId 的上下文对象，如果指定的 id 不被支持，则返回 null，当前参数为 "2d"，表示接下来将绘制二维图形。对象 context 建立之后，就可以拥有多种绘制矩形、圆形、字符、路径及添加图像的方法。

（3）绘制图形。

```
context.fillStyle="#ffdd00";
context.fillRect(0,0,150,150);
```

fillStyle 属性设置了矩形线条颜色，fillRect 属性设置了形状、位置和尺寸，这两行代码绘制一个橙色的矩形。

3）绘图 API 提供的属性和方法

（1）设置颜色、样式和阴影。在绘制各种图形之前，需要先设置颜色和样式，再进行绘制。可以设置的颜色、样式和阴影属性见表 9-2。

表 9-2　颜色、样式和阴影属性

属　　　性	描　　　述
fillStyle	设置或返回用于填充绘画的颜色、渐变或模式
strokeStyle	设置或返回用于笔触的颜色、渐变或模式
lineWidth	设置或返回当前的线条宽度
lineCap	设置或返回线条的结束端点样式，可选值有 butt、round、square
lineJoin	设置或返回两条线相交时所创建的拐角类型
miterLimit	设置或返回最大斜接长度
shadowColor	设置或返回用于阴影的颜色
shadowBlur	设置或返回用于阴影的模糊级别
shadowOffsetX	设置或返回阴影距形状的水平距离
shadowOffsetY	设置或返回阴影距形状的垂直距离

(2) 绘制矩形。绘制矩形边框、填充矩形区域、清除矩形区域等方法见表 9-3。

表 9-3　绘制矩形的方法

方　　法	描　　述
rect(x,y,width,height)	以(x,y)为起点创建宽度为 width、高度为 height 的矩形
fillRect(x,y,width,height)	以(x,y)为起点绘制一个没有边框线只有填充色的矩形，宽度为 width、高度为 height
strokeRect(x,y,width,height)	以(x,y)为起点绘制一个带边框线无填充色的矩形，宽度为 width、高度为 height
clearRect(x,y,width,height)	清除指定的矩形区域，使其变为透明

(3) 绘制路径。所有图形都是以路径为基础，它由一个或多个直线段或曲线段组成，可以是开放的，也可以闭合的。路径会在实际绘图前勾勒出图形的轮廓，可以绘制复杂的图形。绘制路径的方法见表 9-4。

表 9-4　绘制路径的方法

方　　法	描　　述
moveTo(x,y)	不绘制，只是把当前位置移动到新目标坐标(x,y)
lineTo(x,y)	添加一个新点，然后在画布中创建从该点到最后指定点(x,y)的线条。如果不调用 stroke( )和 fill( )都不能绘制出图形。当前只是定义路径的位置，方便后面绘制时使用
fill( )	填充当前绘图(路径)
stroke( )	绘制已定义的路径(边框)
beginPath( )	起始一条路径，或重置当前路径
closePath( )	创建从当前点回到起始点的路径，结束路径的绘制
arc(x,y,radius,startAngle,endAngle, anticlockwise)	创建弧/曲线(用于创建圆形或部分圆)，其中(x,y)为弧的圆形圆心坐标，radius 为弧的圆形半径，startAngle 为圆弧的开始点弧度，endAngle 为圆弧的结束点弧度，anticlockwise 用来定义画圆弧的方向，逆时针方向为 true，顺时针方向为 false
arcTo(x1,y1,x2,y2,radius)	绘制两切线之间的弧/曲线，其中(x1,y1)是和当前位置相关联的控制点坐标，(x2,y2)是和(x1,y1)相关联的控制点坐标，radius 为弧的圆形半径
quadraticCurveTo(cpx,cpy,x,y)	绘制二次贝塞尔曲线，其中(cpx,cpy)是和当前位置相关联的控制点坐标，(x,y)是曲线的终点坐标
bezierCurveTo(cp1x,cp1y,cp2x,cp2y,x,y)	绘制三次方贝塞尔曲线，其中(cp1x,cp1y)是和当前位置相关联的控制点坐标，(cp2x,cp2y)是和曲线终点相关联的控制点坐标，(x,y)是曲线的终点坐标
clip( )	从原始画布剪切任意形状和尺寸的区域。默认情况下，剪辑区域是一个左上角在(0,0)、宽和高分别等于 canvas 元素的宽和高的矩形
isPointInPath( )	如果指定的点位于当前路径中，则返回 true，否则返回 false

(4) 绘制图像。借助现有图片可使绘图更加灵活和方便，将现有图像绘制到画布的方法见表 9-5。

表 9-5　绘制图像的方法

方　　法	描　　述
drawImage(image,x,y)	把整个图像复制到画布，将图像左上角放置到指定位置(x,y)
drawImage(image,x,y,width,height)	把整个图像复制到画布，将图像左上角放置到指定位置(x,y)，将其缩放到想要的图像的宽度 width 和高度 height
drawImage(image,sourceX,sourceY, sourceWidth,sourceHeight,destX, destY,destWidth,destHeight)	绘制图像，通过参数(sourceX,sourceY,sourceWidth,sourceHeight)指定图片裁剪的范围，缩放到(destWidth,destHeight)的大小，最后把它画到画布上的(destX,destY)的位置

(5) 像素操作。使用像素操作方法可以直接操纵底层的像素数据。像素操作的方法见表 9-6。

表 9-6　像素操作的方法

方　　法	描　　述
createImageData(width,height)	在内存中创建一个指定大小的 ImageDate 对象(即像素数组)，对象中的像素点都是黑色透明的，即 rgba(0,0,0,0)
getImageData(x,y,width,height)	返回一个 ImageData 对象，该对象为画布上指定的矩形复制像素数据
putImageData(data,x,y)	把图像数据(从指定的 ImageData 对象)放回画布上

(6) 绘制渐变图形。绘图 API 提供了线性渐变和放射状渐变方法，绘制渐变图形的方法见表 9-7。

表 9-7　绘制渐变图形的方法

方　　法	描　　述
createLinearGradient(xStart,yStart,xEnd, yEnd)	沿着直线(xStart,yStart)至(xEnd,yEnd)绘制线性渐变
createPattern(image,repetitionStyle)	贴图图像(图像对象或 Canvas 对象)在指定的方向上循环平铺方式，repetitionStyle 有 4 个取值: repeat、repeat-x、repeat-y、no-repeat
createRadialGradient(xStart,yStart, radiusStart,xEnd,yEnd, radiusEnd)	沿着开始圆到结束圆之间创建放射状/环形的渐变，(xStart,yStart)、radiusStart 分别为开始圆的圆心和半径，(xEnd,yEnd)、radiusEnd 分别为结束圆的圆心和半径
addColorStop(offset,color)	规定渐变对象中的颜色和停止位置,offset 是一个范围在 0.0 到 1.01 之间的浮点值，表示渐变的开始点和结束点之间的一部分，offset 为 0, 对应开始点, offset 为 1, 对应结束点。Color 是一个颜色值，表示在指定 offset 显示的颜色

(7) 绘制变换图片。使用移动、缩放、旋转和变形等方法可以解决同一种形状的图形绘制多次的复杂性问题。绘制变换图片的方法见表 9-8。

表 9-8　绘制变换图片的方法

方　　法	描　　述
scale(x,y)	缩放当前绘图至更大或更小
rotate(angle)	将整个坐标系统设置一个旋转角度，绘制出来的图像也会相应旋转，以 angle 弧度来旋转当前绘图，正值为顺时针方向旋转，负值为逆时针方向旋转
translate(x,y)	将整个坐标系统设置一定的偏移数量，绘制出来的图像也跟着偏移，其中 x 为水平方向上的偏移量，y 为垂直方向上的偏移量
transform(m11,m12,m21,m22,x,y)	替换绘图的当前转换矩阵
setTransform( )	将当前转换重置为单位矩阵。然后运行 transform( )

(8) 绘制文本。设置好文本的字体样式和对齐方式，可用填充或描边的方法绘制文本。绘制文本的属性和方法见表 9-9 和表 9-10。

表 9-9　文本的相关属性

属　　性	描　　述
font	设置或返回文本内容的当前字体属性，包括字体样式、字体大小粗细、字体名称等
textAlign	设置或返回文本内容的当前对齐方式，可选值为 start、end、left、right 和 center
textBaseline	设置或返回在绘制文本时使用的当前文本基线，可选值为 top、hanging、middle、alphabetic、ideographic 和 bottom

表 9-10　绘制文本的方法

方　　法	描　　述
fillText(text,x,y,maxwidth)	绘制带 fillStyle 填充的文字、文本参数以及用于指定文本位置的坐标参数。Maxwidth 是可选参数，用于限制字体大小，它会将文本字体强制收缩到指定尺寸
strokeText(text,x,y,maxwidth)	绘制只有 strokeStyle 边框的文字，参数含义同 fillText( )
measureText( )	返回包含指定文本宽度的对象

(9) 图形组合，即把一个图像绘制在另一个图形之上。图形组合的属性见表 9-11。

表 9-11　图形组合的属性

属　　性	描　　述
globalAlpha	设置或返回绘图的当前 alpha 或透明值
globalCompositeOperation	设置或返回新图像如何绘制到已有的图像上,有 12 种不同形状的组合类型

(10) 图形的保存与恢复。在绘图过程中，绘图状态会不断发生改变，如果某个状态需要多次使用，可以保存这个状态，待需要的时候再恢复这个状态。图形的保存与恢复见表 9-12。

表 9-12　图形的保存与恢复方法

方　　法	描　　述
save( )	保存当前环境的状态
restore( )	恢复最后一次保存过的路径状态和属性

【实例 9-2】使用 Canvas 元素绘制图形。

实例效果：画面中有一个棒棒糖人，由脸和上半身躯组成，脸是圆形，其中包括带线性渐变的矩形眼睛和笑状弧形嘴巴，身躯由三条直线组成。初始状态为手向上，鼠标移入画布时手向下，鼠标移出后恢复初始状态。

(1) 利用编辑器编辑如下代码，并将文件保存为"sl9-2.html"。

```
<!doctype html>
<html>
<head>
<meta charset="utf-8">
<title>实例 9-2 棒棒糖人</title>
<script type="text/javascript">
window.onload=function(){
var con=document.getElementById("Canvas");
var cxt=con.getContext("2d");
/*绘制脸*/
cxt.beginPath();
cxt.arc(150,50,50,0,Math.PI*2,true);
cxt.fillStyle="#fc9";
cxt.strokeStyle="#f00";
cxt.fill();
cxt.stroke();
/*绘制嘴*/
cxt.beginPath();
cxt.strokeStyle="#c00";
cxt.lineWidth=3;
cxt.arc(150,60,20,0,Math.PI,false);
cxt.stroke();
/*绘制眼睛*/
cxt.beginPath();
var grd=cxt.createLinearGradient(0,30,0,45);
grd.addColorStop(0.2,"#ff0000");
grd.addColorStop(0.8,"#0000ff");
cxt.fillStyle=grd;
cxt.fillRect(120,30,10,15);
cxt.moveTo(165,30);
cxt.fillRect(165,30,10,15);
openhand();
}
function openhand(){
/*绘制身体*/
var con=document.getElementById("Canvas");
var cxt=con.getContext("2d");
cxt.beginPath();
cxt.clearRect(50,100,250,100);
```

```
cxt.strokeStyle="#00f";
cxt.lineWidth=8;
cxt.moveTo(150,100);
cxt.lineTo(150,190);
cxt.moveTo(100,120);
cxt.lineTo(150,150);
cxt.moveTo(150,150);
cxt.lineTo(200,120);
cxt.stroke();
}
function closehand(){
var con=document.getElementById("Canvas");
var cxt=con.getContext("2d");
cxt.beginPath();
cxt.strokeStyle="#00f";
cxt.clearRect(50,100,250,100);
cxt.lineWidth=8;
cxt.moveTo(150,100);
cxt.lineTo(150,190);
cxt.moveTo(150,130);
cxt.lineTo(100,150);
cxt.moveTo(150,130);
cxt.lineTo(200,150);
cxt.stroke();
}
</script>
</head>
<body>
<canvas id="Canvas" width="340" height="200" style="border:1px solid blue"
onmouseover="closehand()" onmouseout="openhand()">
</canvas>
</body>
</html>
```

(2) 在 Google Chrome 浏览器中浏览该网页，运行效果如图 9.3 所示，鼠标移入画布时如图 9.4 所示。

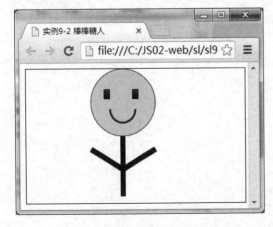

图 9.3 棒棒糖人初始状态图

图 9.4 鼠标移入画布时状态图

9.2　【案例 20】学习风采照片墙

➢　**案例陈述**

本案例主要实现学习风采照片墙效果：在页面内摆放 15 张照片，每张照片都有不同程度的旋转，并指定旋转的原点，其中有几张照片初始呈模糊状态。鼠标移入照片时，照片会以左上角为原点调整至正常的角度并放大清晰显示，鼠标离开后，照片就恢复成原来的状态；文字"JavaScript 课程学习风采"使用 CSS3 动画特性制作仿 Flash 遮罩。效果如图 9.5 所示。并将此案例实现的网页作为首页图片"学习风采"的超链接。

图 9.5　Chrome 浏览器中运行效果

➢　**案例实施**

(1) 新建网页"Case20-1.html"，使用<ul>元素在<body>…</body>标签中添加 15 张照片和文字"JavaScript 课程学习风采"，代码如下所示：

```
<body>
<section class="shade">
JavaScript 课程学习风采
</section>
<section class="picture">
<ul id="gallery">
<li><a href="images/pic/img01.jpg" title="学习风采1"><img src="images/pic/img01.jpg"
alt="学习风采1" /></a>
</li>
<li><a href="images/pic/img02.jpg" title="学习风采2"><img src="images/pic/img02.jpg"
alt="学习风采2" /></a>
</li>
<li><a href="images/pic/img03.jpg" title="学习风采3"><img src="images/pic/img03.jpg"
alt="学习风采3" /></a>
```

```
    </li>
    <li><a href="images/pic/img04.jpg" title="学习风采4"><img src="images/pic/img04.jpg"
alt="学习风采4" /></a>
    </li>
    <li><a href="images/pic/img05.jpg" title="学习风采5"><img src="images/pic/ img05.jpg"
alt="学习风采5" /></a>
    </li>
    <li><a href="images/pic/img06.jpg" title="学习风采6"><img src="images/pic/img06.jpg"
alt="学习风采6" /></a>
    </li>
    <li><a href="images/pic/img07.jpg" title="学习风采7"><img src="images/pic/img07.jpg"
alt="学习风采7"/></a>
    </li>
    <li><a href="images/pic/img08.jpg" title="学习风采8"><img src="images/pic/img08.jpg"
alt="学习风采8" /></a>
    </li>
    <li><a href="images/pic/img09.jpg" title="学习风采9"><img src="images/pic/img09.jpg"
alt="学习风采9" /></a>
    </li>
    <li><a href="images/pic/img10.jpg" title="学习风采10"><img src="images/pic/img10.jpg"
alt="学习风采10" /></a>
    </li>
    <li><a href="images/pic/img11.jpg" title="学习风采11"><img src="images/pic/img11.jpg"
alt="学习风采11" /></a>
    </li><li><a href="images/pic/img12.jpg" title="学习风采12"><img src="images/pic/img12.jpg"
alt="学习风采12" /></a>
    </li>
    <li><a href="images/pic/img13.jpg" title="学习风采13"><img src="images/pic/
img13.jpg" alt="学习风采13" /></a>
    </li><li><a href="images/pic/img14.jpg" title="学习风采14"><img src="images/
pic/img14.jpg" alt="学习风采14" /></a>
    </li>
    <li><a href="images/pic/img15.jpg" title="学习风采15"><img src="images/pic/
img15.jpg"  alt="学习风采15" /></a>
    </li>
    </ul>
    </section>
    </body>
```

(2) 在<head>…</head>标签中设置基本的样式表，包括遮罩文字、背景墙样式和整体的尺寸布局，链接显示为块级元素，以方便变形和布局。代码如下：

```
<!doctype html>
<html>
<head>
<meta charset="utf-8">
<title>案例20 使用CSS3制作照片墙</title>
<style>
body{background:#FFC;}
ul#gallery li{
list-style:none;
overflow:visible;
```

```
}
#gallery li a img{
width:150px;
height:150px;
}
ul#gallery a{
width:150px;
height:180px;
background:#FFF;
display:inline;
float:left;
margin:0 0 20px 20px;
padding:10px 10px 15px;
text-align:center;
font-family:sans-sefir;
text-decoration:none;
color:#333;
font-size:14px;
}
.shade{
height:150px;
font-family:楷体;
margin-left:50px;
font-size:68px;
font-weight: bold;
color:#66F;
text-align:center;
background:#333;
}
</style>
</head>
</html>
```

（3）设计出随意摆放的图片效果。首先设置所有的链接默认为倾斜，并自定义变形原点，同时加入动画过渡效果，使用 CSS 选择器设置不一样的旋转角度，使用 nth-child 属性设置参数为 even(偶数)、3n(3 的倍数)、5n(5 的倍数)的元素样式。追加的代码如下：

```
<style>
ul#gallery a{
width:150px;
height:180px;
background:#FFF;
display:inline;
float:left;
margin:0 0 20px 20px;
padding:10px 10px 15px;
text-align:center;
font-family:sans-sefir;
text-decoration:none;
color:#333;
font-size:14px;
-webkit-box-shadow:0 3px 6px rgba(0,0,0,.25);
```

```
/*省略其他浏览器的书写方式*/
-webkit-transition:-webkit-transform: .15s linear;
-webkit-transform:rotate(-2deg);
}
ul.gallery li:nth-child(even) a{
-webkit-transform:rotate(5deg);
}
ul#gallery li:nth-child(3n) a{
position:relative;
top:-5px;
-webkit-transform:none;
}
ul#gallery li:nth-child(5n) a{
position:relative;
-webkit-transform:rotate(-5deg);
-webkit-filter: blur(1px);
}
</style>
```

(4) 设计鼠标划过时，图片调整为正常角度并放大清晰显示，同时通过 attr(title)给图片添加说明性的内容。追加代码如下所示：

```
<style>
ul#gallery li a:hover{
-webkit-transform:scale(2);
-webkit-box-shadow:0 3px 6px rgba(0,0,0,0.5);
position:relative;
z-index:5;
-webkit-filter: blur(0);
}
ul#gallery a:after{
content:attr(title);
}
```

(5) 设置文本裁剪和文本颜色透明属性，并添加文字上的光影运动，需要用 keyframes 来实现位置变化。追加代码如下所示：

```
<style>
.shade{
height:150px;
font-family:楷体;
margin-left:50px;
font-size:68px;
font-weight: bold;
color:#66F;
text-align:center;
background:#333 -webkit-linear-gradient(-15deg,#000 5%,rgba(255,255,255,.7),
rgba(255,255,255,.9),rgba(255,255,255,.7),#000 10%) no-repeat;
-webkit-background-clip:text;/*文本裁剪*/
-webkit-text-fill-color:transparent;/*文本颜色透明*/
-webkit-animation:cliptexttop 3s linear infinite;/*绑定关键帧动画, cliptexttop
周期为3秒，线性变化速度，无限制循环*/
text-transform:uppercase;
}
@-webkit-keyframes cliptexttop{/*光影运动的位置变化*/
0%{background-position:left 0;}
```

```
100%{background-position:1200px 0;}
}
</style>
```

以上所述代码中，使用 box-shadow 属性设计图像外框的阴影效果，transform 属性设计图像的变形效果，函数 rotate( )、函数 scale( )和函数 rgba( )分别实现元素的旋转、缩放以及透明度的功能；使用 after 选择器将图像的 title 属性作为 content 属性的属性值；使用 nth-child 选择器对指定序号的元素设置样式。当鼠标移动到图像上时，会自动放大图像到 2 倍的效果并垂直清晰摆放。

(6) 至此，该网页已经可以在 Google Chrome 浏览器中浏览，效果如图 9.5 所示。为了使网页能在 IE 浏览器中正常显示，需在页面中加入 JS 插件。将下载的 JS 插件(js 文件夹)和相关效果图片(images-global)存放于站点文件夹中，并追加以下代码。在 IE 浏览器中浏览该网页，效果如图 9.6 所示。

```
<head>
<script type="text/javascript" src="js/FancyZoom.js"></script>
<script type="text/javascript" src="js/FancyZoomHTML.js"></script>
</head>
<body onLoad="setupZoom();">
<section>...</section>
<script type="text/javascript">
/*用于窗口大小快速自适应打开的图片大小*/
    onresize = tv.resize;
    tv.init();
</script>
</body>
```

代码中的 FancyZoomHTML 插件和 FancyZoom 插件可以实现图片放大镜效果，在页面上单击，目标处的内容会放大，再次单击或者按 esc 键即可恢复原始大小；zoom.js 提供了两种缩放模式，按目标元素缩放和按坐标缩放。

图 9.6　IE 浏览器中运行效果

(7) 设置首页超链接。将网页"Case19.html"另存为网页"Case20.html",把原来<div class="rightBottom"></div>中的文字删除,替换为图片并超链接于网页"Case20-1.html"。代码如下:

```
<div class="rightBottom" align="center">
<a href="Case20-1.html" target="_blank">
<img src="images/xxfc.jpg" width="217" height="106"  alt="" />
</a>
</div>
```

(8) 将网页"Case20.html"另存为网页"index.html",设置网站中所有的链接,代码详见书本配套资源。

> ➤ **知识准备**

知识点 1:CSS3 新功能

伴随着 HTML5 标准的出现,CSS 的升级版本 CSS3 也随之到来。新的 CSS 规范增强了页面布局的样式,支持边框圆角、多种文字显示特效、半透明色、渐变等,同时也增加了更多的选择器。配合使用 HTML5 和 CSS3 能够大幅提升网页的可读性,并能制作出更具渲染性的页面。CSS3 的新功能如下。

(1) 功能强大的选择符。CSS3 增加了属性选择符、结构伪类选择符、UI 元素状态伪类选择符、伪元素选择符,可以实现更简单但更强大的功能。例如,在属性选择符中引入通配符、灵活的伪类选择符 nth-child( )等。

其中,:nth-child(n)选择器表示匹配属于其父元素的第 n 个子元素,不论元素的类型;n 可以是数字、关键词或公式,n 为 odd 和 even 表示可用于匹配下标是奇数或偶数的子元素的关键词(第一个子元素的下标是 1);如使用公式 (an + b),a 表示周期的长度,n 是计数器(从 0 开始),b 是偏移值。

(2) 边框和背景。使用 CSS3 可以改变背景图片的大小、裁剪背景图片和设置多重背景等;还可制作圆角边框,添加阴影边框,使用图片来绘制边框等。CSS3 新增的边框和背景属性见表 9-13。

表 9-13　CSS3 新增的边框和背景属性

属　　性	说　　明	可　选　值
border-radius	设置四条边框半径	\<length>
border-image	设置图像边框	none、\<url>、\<length>、\<percentage>、stretch、repeat、round
background-size	设置背景图像的大小	auto、cover、contain、\<percentage>、\<length>
background-clip	设置背景图像的显示范围或裁剪区域	padding-box、border-box、content-box
background-origin	设置绘制背景图像时的起点	padding-box、border-box、content-box
background-break	设置内联元素的背景图像进行平铺时的循环方式	continuous、bounding-box、each-box

(3) 文字效果。在 CSS3 中可以给文字增加阴影、描边和发光等效果，还可以自定义特殊字体。CSS3 新增的文字属性见表 9-14。

表 9-14 CSS3 新增的文字属性

属 性	说 明	可选值
text-shadow	设置文本的阴影效果，包括 h-shadow、v-shadow、blur、color	h-shadow、v-shadow 和 blur 取值为数值，color 取值为颜色值
text-overflow	设置文本内容超过宽度时的显示方式	clip、ellipsis
word-wrap	设置文本内容达到容器边界时的显示方式	normal、break-word
word-break	在出现多种语言时，设置或检索对象内文本的字内换行行为	normal、break-all、keep-all

(4) 色彩模式。CSS3 除了支持 RGB 颜色外，还支持 HSL 色彩模式，并增加了颜色本身的不透明设置和单独的不透明属性。例如可以使用 RGBA 和 HSLA 模式设置透明度，使用 HSL 模式设置颜色及使用 opacity 设置不透明度。CSS3 新增色彩模式和 opacity 属性见表 9-15。

表 9-15 CSS3 新增色彩模式和 opacity 属性

色彩模式	说 明	可选值
HSL(<length>,<percentage>,<percentage>)	对色调、饱和度、亮度三个颜色通道以及它们相互之间的叠加来得到各式各样的颜色	<length>为任意数值，<percentage>的取值为 0%～100%
HSLA(<length>,<percentage>,<percentage>,<alpha>)	HSLA 色彩模式是 HSL 色彩模式的延伸，在色调、饱和度、亮度三个要素的基础上增加了不透明的参数	<length>为任意数值，<percentage>的取值从 0%到 100%，<alpha>取值为 0～1
RGBA(<red>,<green>,<blue>,<alpha>)	RGBA 色彩模式是 RGB 色彩模式的延伸，在红、黄、蓝三原色的基础上增加了不透明的参数	<red>、<green>、<blue>可以取 0～255 或 0%～100%，<alpha>取值为 0～1
opacity:<alpha>|inherit	设置不透明度的属性	<alpha>取值为 0～1、inherit

(5) 渐变。CSS3 提供了线性渐变和径向渐变功能，使元素看起来更有质感。目前主流的浏览器内核主要有 Mozilla(如 Firefox 浏览器等)、Webkit(如 Safari、Chrome 浏览器等)、Opera(Opera 浏览器)、Trident(IE 浏览器)。这些搜索引擎对于 CSS3 属性一般都采取同样的语法，但是对于渐变，某些部分无法达成一致，因此在不同搜索引擎下渐变用的语法不同。

```
    -webkit-linear|radial-gradient([<point>|<angle>],<start stop>,<end stop>[,<color
stop>]); // Webkit 引擎
    -moz-linear-gradient([<point>|<angle>],<start stop>,<end stop>[,<color stop>]);
//Mozilla 引擎
    -o-linear-gradient([<point>|<angle>],<start stop>,<end stop>[,<color stop>]);
// Opera 引擎
```

(6) 多栏布局。CSS3 新增灵活的盒布局和多列布局，弥补现有布局中的不足，为页面布局提供更多手段，大幅度缩减了代码。基于 Webkit 内核的替代私有属性是-webkit-*，基于 Mozilla 内核的替代私有属性是-moz-*。*代表的是表 9-16 中的属性名称。

表 9-16　*代表的属性

属　　性	描　　述	可选值
column-width	设置多列布局中每列的宽度	auto、<length>
column-count	设置多列布局中的列数目	auto、<number>
column-fill	规定如何填充列	auto、balance
column-gap	设置列与列之间的距离	normal、<length>
column-rule-color	设置列与列之间分隔线的颜色	颜色值
column-rule-style	设置列与列之间分隔线的样式	none、dotted、dashed、solid、double、groove、ridge、inset、outset、inherit
column-rule-width	设置列与列之间分隔线的宽度	<length>
column-span	设置元素应该横跨的列数	1、all
box-shadow	设置元素的阴影	Inset、x-offset、y-offset、blur-radius、spead-radius、color
box-orient	设置盒元素的内部布局方向	horizontal、vertical、inline-axis、block-axis、inherit
box-direction	设置盒元素的内部布局顺序	normal、reverse、inherit
box-ordinal-group	设置盒元素内部子元素的显示位置	<integer>
box-flex	设置盒元素内部的子元素是否可伸缩	<value>
box-pack	设置盒元素内部水平对齐方式	start、end、center、justify
box-align	设置盒元素内部垂直方式	start、end、center、baseline、stretch

(7) 变形和过渡。CSS3 可以实现显示旋转、缩放、移动和过渡效果等，使网页生动友好。不同浏览器需私有实现。CSS3 新增的变形和过渡属性见表 9-17。

表 9-17　CSS3 新增的变形和过渡属性

属　　性	描　　述	可选值
transform	可用于元素的变形，实现元素的旋转、缩放、移动、倾斜等变形效果	none、rotate( )、scale( )、translate( )、skew( )、matrix( )
transform-origin	设置变形原点的位置	left、center、right、top、middle、bottom、<length>、<percentage>
transition	设置元素变换过程中的过渡效果	
transition-property	设置应用过渡的 CSS 属性名称	none、all、<property>
transition-duration	设置过渡效果花费的时间	<time>
transition-timing-function	设置过渡方式	linear、ease、ease-in、ease-out、ease-in-out、cubic-bezier(n,n,n,n)
transition-delay	设置开始过渡的延迟时间	<time>

(8) 动画。使用 CSS3 可以创建动画关键帧，对关键帧动画设置播放时间、播放次数、播放方向等，实现更加复杂、灵活的动画，并可以在许多网页中取代动画图片、Flash 动画以及 JavaScript。关键帧动画所包含的是一段连续的动画，它的语法规则如下：

```
@keyframes<animationname>{<keyframes-selector><css-styles>}
```

其中，<animationname>表示动画的名称，必须定义一个动画名称，方便与动画属性 animation 绑定；<keyframes-selector>表示动画持续时间的百分比，也可以是 from 和 to，from 对应的是 0%，to 对应的是 100%，建议使用百分比；<css-styles>表示设置一个或多个合法的样式属性。

CSS3 新增的动画属性见表 9-18。

表 9-18　CSS3 新增的动画属性

属　　性	描　　述	可选值
animation	所有动画属性的简写属性，除了 animation- play-state 属性	<name>、<duration>、<timing-function>、<delay>、<iteration-count>、<direction>
animation-name	设置@keyframes 动画的名称	<none>、<keyframename>
animation-duration	设置动画完成一个周期所花费的秒或毫秒	<time>
animation-timing-function	设置动画的播放方式	linear、ease、ease-in、ease-out、ease-in-out、cubic-bezier(n,n,n,n)
animation-delay	设置动画何时开始	<time>
animation-iteration-count	设置动画被循环播放的次数	Infinite|<number>
animation-direction	设置动画循环播放方向	normal、alternate
animation-play-state	设置动画是否正在运行或暂停	paused、running

(9) 媒体查询。提供丰富的媒体查询功能，可以根据不同的设备、不同的屏幕尺寸自动调整页面布局。也可为网页中不同的对象设置不同的浏览设备。如可以为某一模块分别设置屏幕浏览样式和手机浏览样式，以前则只能设置整个网页。

【实例 9-3】使用 CSS3 新增属性实现导航栏。

(1) 利用编辑器编辑如下代码，并将文件保存为"sl9-3.html"。

```
<!doctype html>
<html>
<head>
<meta charset="utf-8">
<title>实例 9-3 CSS3 新增属性</title>
<style>
ul{
margin-top:30px;
list-style:none;
line-height:25px;
font-family:Arial;
font-weight:bold;
}
li{
width:120px;
```

```
float:left;
margin:2px;
border-style:solid;
border-width:1px;
border-color:#ccc;
border-radius:0 10px 10px 0;
background-color:#e4e4e4;
text-align:left;
-webkit-transition:all 1s ease-out;
-moz-transition:all 1s ease-out;
-o-transition:all 1s ease-out;
transition:all 1s ease-out;
}
li:hover{
background-color:#C9F;
-webkit-transition:all 200ms linear;
-moz-transition:all 200ms linear;
-o-transition:all 200ms linear;
transition:all 200ms linear;
}
a{
display:block;
padding:5px 10px;
color:#333;
text-decoration:none;
}
a:hover{
background-color:#F90;
color:#fff;
text-shadow:2px 2px 3px #333;
-webkit-transform:translate(10px,10px) rotate(30deg) scale(1);
-moz-transform:translate(10px,10px) rotate(30deg) scale(1);
-o-transform:translate(10px,10px) rotate(30deg) scale(1);
-ms-text-align-last:translate(10px,10px) rotate(30deg) scale(1);
transform:translate(10px,10px) rotate(30deg) scale(1);
}
</style>
</head>
<body>
<ul>
<li ><a href="#">JavaScript</a></li>
<li><a href="#">HTML5</a></li>
<li><a href="#">CSS3</a></li>
<li><a href="#">jQuery</a></li>
<li><a href="#">Ajax</a></li>
</ul>
</body>
</html>
```

(2) 在 Google Chrome 浏览器中浏览该网页，运行效果如图 9.7 所示。

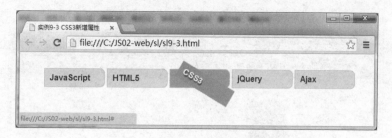

图 9.7　CSS3 新增属性应用效果

【实例 9-4】CSS3 动画。

(1) 利用编辑器编辑如下代码，并将文件保存为 "sl9-4.html"。

```
<!doctype html>
<html>
<head>
<meta charset="utf-8">
<title>实例 9-4 CSS3 制作动画</title>
<style>
div{
position:absolute;
width:200px;
height:80px;
top:50px;
left:100px;
background:#9CC;
color:#ffffff;
position:relative;
font-weight:bold;
font:bold 24px '宋体';
border-radius:20px;
-webkit-animation-name:mymove;
-webkit-animation-iteration-count:infinite;
-webkit-animation-timing-function:linear;
-webkit-animation-duration:3s;}
@-webkit-keyframes mymove{
0%{top:50px;}
25%{top:200px;left:200px;}
50%{-webkit-transform: rotate(360deg);}
75%{top:50px;left:60px;}
100%{top:100px;left:60px;background-color:#00f;}}
}
</style>
</head>
<body>
<div>CSS3 动画
</div>
</body>
</html>
```

(2) 在 Google Chrome 浏览器中浏览该网页，运行效果如图 9.8 所示。

图 9.8　CSS3 动画效果

知识点 2：媒体查询

CSS3 新增了 Media Queries 模块，在该模块中，允许添加媒体查询表达式，以指定媒体类型及设备特性，从而精确地为不同的设备应用不同的样式，最终改善用户体验。

Media Queries 模块中使用@media 规则来区别媒体设备，并实现样式表定义。Media Queries 模块已获得 Chrome、Firefox、Safari 和 Opera 等浏览器的支持。

@media 规则是包含有查询表达式的媒体样式表定义规则。语法如下：

```
@media: <media_query_list>
<media_query_list>: [<media_query>[',' <media_query>]*]?
<media_query>: [only | not]? <media_type> [and <expression>]* | <expression>
[and <expression>]*
<expression>: '('<media_feature>[:<value>]?')'
```

其中：<media_type>指定设备类型，媒体类型见表 9-19。<expression>指定媒体查询使用的媒体特性，媒体特性见表 9-20，这类似于 CSS 属性，该特性放在括号中，与 CSS 不同的是大部分设备的指定值接受 max/min 前缀，用来表示大于等于或小于等于的逻辑，如(max-width:960px)。

表 9-19　媒体类型说明

媒体类型值	说　　　明
all	默认，适合所有设备
aural	语音合成器
braille	盲文反馈装置
handheld	手持设备(小屏幕、有限的带宽)
projection	投影机
print	打印预览模式/打印页面
screen	计算机屏幕
tty	电传打字机以及使用等宽字符网格的类似媒介
tv	电视类型设备(低分辨率、有限的分页能力)

表 9-20　媒体特性说明

媒体特性	描　述	举　例
width	规定目标显示区域的宽度。可使用 min-和 max-前缀	media="screen and (min-width:500px)"
height	规定目标显示区域的高度。可使用 min-和 max-前缀	media="screen and (max-height:700px)"
device-width	规定目标显示器/纸张的宽度。可使用 min-和 max-前缀	media="screen and (device-width:500px)"
device-height	规定目标显示器/纸张的高度。可使用 min-和 max-前缀	media="screen and (device-height:500px)"
orientation	规定目标显示器/纸张的取向。可能的值：portrait 或 landscape	media="all and (orientation: landscape)"
aspect-ratio	规定目标显示区域的宽度/高度比。可使用 min-和 max-前缀	media="screen and (aspect-ratio:16/9)"
device-aspect-ratio	规定目标显示器/纸张的 device-width/device-height 比率。可使用 min-和 max-前缀	media="screen and (aspect-ratio:16/9)"
color	规定目标显示器的 bits per color。可使用 min-和 max-前缀	media="screen and (color:3)"
color-index	规定目标显示器能够处理的颜色数。可使用 min-和 max-前缀	media="screen and (min-color-index:256)"
monochrome	规定在单色帧缓冲中的每像素比特。可使用 min-和 max-前缀	media="screen and (monochrome:2)"
resolution	规定目标显示器/纸张的像素密度 (dpi 或 dpcm)。可使用 min-和 max-前缀	media="print and (resolution:300dpi)"
scan	规定 tv 显示器的扫描方法。可能的值是：progressive 和 interlace	media="tv and (scan:interlace)"
grid	规定输出设备是网格还是位图。可能的值：1 代表网格，0 代表其他	media="handheld and (grid:1)"

　　页面中引入媒体类型方法也有多种，以下第一种和第四种方法是在项目制作中常用的。

　　1) link 方法引入

```
    <link rel="stylesheet" type="text/css" href="css/style.css" media="screen
and (width:800px)" />
```

　　2) xml 方式引入

```
    <?xml-stylesheet rel="stylesheet" media="screen and (width:800px)" href=
"css/style.css" ?>
```

　　3) @import 方式引入

　　@import 引入有两种方式，一种是在样式文件中通过@import 调用另一个样式文件；另一种方法是在<head></head>标签中的<style>…</style>标签中引入，但这种使用方法在 IE6 和 IE7

浏览器中都不被支持。如样式文件中调用另一个样式文件：

```
@import url("css/reset.css") screen and (width:800px);
```

在\<head\>\</head\>标签中的\<style\>…\</style\>标签中调用：

```
<head>
  <style type="text/css">
@import url("css/style.css") all;
  </style>
</head>
```

4) @media 引入

这种引入方式和@import 是一样的，也有两种方式。

(1) 样式文件中使用：

```
@media screen{
    选择器{
属性：属性值；
    }
  }
```

(2) 在\<head\>\</head\>标签中的\<style\>…\</style\>标签中调用：

```
<head>
  <style type="text/css">
@media screen{
        选择器{
属性：属性值；
}
}
  </style>
</head>
```

【实例 9-5】使用 Media Queries 媒体查询实现多种设备的样式表方案。

(1) 利用编辑器编辑如下代码，并将文件保存为"sl9-5.html"。

```
<!doctype html>
<html>
<head>
<meta charset="gb2312" name="viewport" content="width=device-width,initial-
scale=1.0">
<title>实例 9-5 自适应屏幕</title>
<style>
*{
font-sizw:24px;
font-weight:bold;
color:#00F;
}
nav{
background-color:#6CF;
height:300px;
}
```

```
section{
background-color:#93C;
height:300px;
}
aside{
background-color:#FF6;
height:300px;
}
@media screen and (min-width:1000px){
nav{
float:left;
width:25%;
}
section{
float:left;
width:50%;
}
aside{
float:left;
width:25%;
}
}
@media screen and (min-width:660px) and (max-width:1000px){
nav{
float:left;
width:40%;
height:200px;
}
section{
float:left;
width:60%;
height:200px;
}
aside{
height:100px;
float:none;
clear:both;
}
}
@media screen and (max-width:660px){
nav{
height:150px;
}
section{
height:150px;
}
aside{
height:150px;
}
}
</style>
</head>
```

```
<body>
<nav>Nav</nav>
<section>
Section
</section>
<aside>
Aside
</aside>
</body>
</html>
```

(2) 在 Google Chrome 浏览器中浏览该网页,当窗口宽度小于 660px 时的运行效果如图 9.9 所示,当窗口宽度介于 660px～1 000px 之间时的运行效果如图 9.10 所示,当窗口宽度大于 1 000px 时的运行效果如图 9.11 所示。

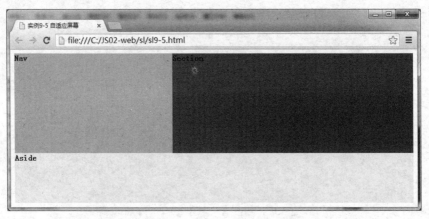

图 9.9　width 小于 660px 时的运行图

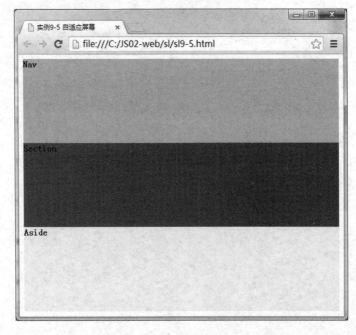

图 9.10　width 介于 660px～1 000px 时的运行图

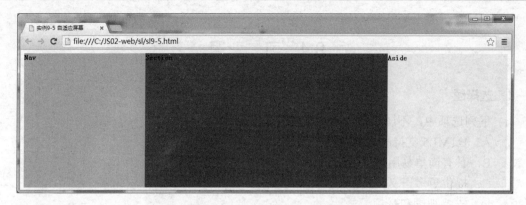

图 9.11　width 大于 1 000px 时的运行图

知识点 3：JavaScript 插件

使用 JavaScript 开发的 IE 插件可以解决低版本 IE 浏览器不兼容的问题，并能以较少的代码快速实现 JS 特效。JavaScript 插件有很多种，用户也可以自己开发 js 插件，插件里面就是一个或多个函数的组合，只需要将一些能实现某些功能的代码做成函数，再将这些函数全部放在一个 js 文件里面，到需要要用的时候直接调用这个 js 文件里面的方法即可。

例如【案例 20】中用到的 FancyZoom JS 相册图片放大特效插件，它可以实现放大时采用渐入渐出的动画，所谓放大实质上是用一大一小两张照片完成的效果，缩略图时候显示的是小图片，当用鼠标单击时才开始加载大图片，本插件不属于任何 JS 框架，是用纯 JS 代码实现的。

调用方法如下。

头部引入 js 文件：

```
<script src="Scripts/FancyZoom.js" language="JavaScript" type="text/javascript">
</script>
    <script src="Scripts/FancyZoomHTML.js" language="JavaScript" type="text/javascript">
</script>
```

主体部分调用代码：

```
<body onLoad="setupZoom();">
<a id=img-mwsf-1 title="图片说明" href="大图地址">
<img src="小图地址" width=250 height=155>
</a>
```

9.3　本章小结

本章节主要介绍 HTML5 和 CSS3 的新增功能，重点介绍了使用 HTML5 中的 Canvas 元素和 JavaScript 绘制图形，使用 CSS3 中的 Media Queries 实现自适应屏幕响应，以及在网页中插入 JavaScript 插件。通过本章节的学习，读者可以结合使用 HTML5、CSS3 技术和 JavaScript 技术构建标准布局、精美样式和动态效果的网页。

9.4 习　　题

1. 选择题

(1) 下列选项中，不属于使用 HTML5 的是(　　)。

  A. HTML5 支持严格的代码

  B. 具有简单易用性

  C. 提供更多语义

  D. 支持视频和音频

(2) 下列的元素中，(　　)不是 HTML5 新增的元素。

  A. menu 元素　　　B. meter 元素　　　C. p 元素　　　　D. mark 元素

(3) 下列选项中(　　)不是常用的伪元素选择器。

  A. first-line 选择器　　　　　　B. after 选择器

  C. [att$=val]选择器　　　　　　D. first-letter 选择器

(4) 如果用户想要匹配 div 元素之后和它同级的 P 元素，并且设置字体为蓝色，大小为 14 像素，下列(　　)是正确的。

  A. div～p{color:blue;font-size:14px;}

  B. p[id="div"]{color:blue;}

  C. div:last-child{color:blue;}

  D. p:first-child{color:blue;font-size:14px;}

(5) translate( )、scale( )、rotate( )三个方法可以用下列哪个方法代替？(　　)

  A. strokeRect( )　　　　　　　B. save( )

  C. drawImage( )　　　　　　　D. transform( )

(6) 在 HTML5 中，下列 drawImage( )方法的参数正确的是(　　)。

  A. drawImage(x)　　　　　　　B. drawImage(x,y)

  C. drawImage(image,dx,dy)　　　D. drawImage(image)

(7) 下列特性中不属于 CSS3 新增的是(　　)。

  A. 使用 RGBA 更改透明度　　　B. 可以设置多个背景图片

  C. 可以在边框中使用图片　　　D. 可以使用选择器

(8) 假设要使页面中的 p 元素为半透明，下面代码中错误的是(　　)。

  A. p{background-color:hsla(120,65%,50%,0.5);}

  B. p{background-color:rgba(20,20,20,0.5);}

  C. p{background-color rgb(20,20,20);opacity:0.5);}

  D. p{background-color:hsl (120,65%,75%);}

(9) 下列不属于@font-face 的属性是(　　)。

  A. font-family　　　　　　　　B. font-name

  C. font-style　　　　　　　　　D. font-weight

(10) 下列不属于 CSS 3 中过渡效果名称的是(　　)。

  A. ease　　　　B. fade　　　　C. linear　　　　D. cubic-bezier

2．填空题

(1) 在 HTML5 中省略了复杂的 HTML 声明，只需使用_____即可。

(2) HTML5 使用_____元素表示页面中一块与上下文不相关的独立区域。

(3) 在 HTML5 中获取上下文环境变量的方法是_____。

(4) HTML5 中绘制矩形边框的方法是_____。

(5) HTML5 中保存当前绘图信息的方法是_____。

(6) HTML5 中将绘制的图形展现出来的方法是_____。

(7) 要将元素顺时针旋转 45°，应该使用代码 transform:_____。

(8) 当过渡效果需要应用到所有 CSS 属性上时，应该将 transition-property 设置为_____值。

(9) 在 CSS 3 中，要创建动画必须使用_____属性定义关键帧集合。

(10) 使用_____属性可以定义要应用的动画名称。

(11) 为了使 CSS3 的新特性可以运行在 Chrome 浏览器上，可以使用私有属性_____。

3．判断题

(1) 线性渐变主要使用-radial-gradient 属性，径向渐变主要使用-linear-gradient 属性。
(　　)

(2) 如果用户使用 Firefox 浏览器并且想要实现线性渐变的功能，需要将代码写成"-moz-linear-gradient"的形式。
(　　)

(3) background-origin 属性和 background-clip 属性的属性值一样，它们没有什么区别，可以交换使用。
(　　)

(4) 将 background-break 属性的属性值设置为 continuous，表示下一行中的图像紧接着上一行中的图像联系平铺。
(　　)

(5) 平移一个坐标需要用到 translate( )方法。
(　　)

(6) 如果用户想要实现圆角的功能，可以使用 box-shadow 属性，如果用户想要实现阴影效果，可以使用 border-radius 属性。
(　　)

(7) 使用 transform 属性可以将元素变得透明。
(　　)

4．操作题

(1) 使用 HTML5 中的 Canvas 实现如图 9.12 所示的效果。

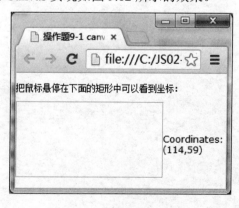

图 9.12　Canvas 应用效果

(2) 使用 CSS3 实现如图 9.13 所示的效果。

(3) 使用 CSS3 实现如图 9.14 所示的进度条。

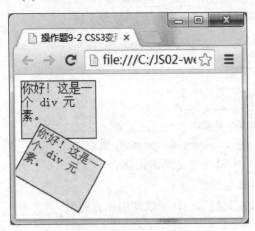

图 9.13　CSS3 变形效果

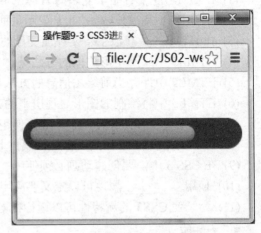

图 9.14　进度条效果

参 考 文 献

[1] 许旻，李会芳. JavaScript 程序设计案例教程[M]. 北京：北京大学出版社，2011.

[2] 王莹. JavaScript 网页特效案例教程[M]. 北京：机械工业出版社，2012.

[3] 孙鑫. HTML5、CSS 和 JavaScript 开发[M]. 北京：电子工业出版社，2012.

[4] 曾海. JavaScript 程序设计基础教程[M]. 北京：人民邮电出版社，2009.

[5] 程乐，等. JavaScript 程序设计实例教程[M]. 北京：机械工业出版社，2013.

[6] [美]Larry UIIman. JavaScript 设计与开发新思维[M]. 姚军，译. 北京：人民邮电出版社，2012.

[7] [美]Phil Ballard,Michael Moncur. JavaScript 入门经典 [M]. 5 版. 王军，译. 北京：人民邮电出版社，2013.

[8] 北大青鸟信息技术有限公司. JavaScript 客户端验证和网页特效制作[M]. 北京：科学技术文献出版社，2008.

[9] 吕凤顺. HTML+CSS+JavaScript 网页制作实用教程[M]. 北京：清华大学出版社，2012.

[10] 杨习伟. HTML5+CSS3 网页开发实战精解[M]. 北京：清华大学出版社，2013.

[11] 刘增杰，等. 精通 HTML5+CSS3+JavaScript 网页设计[M]. 北京：清华大学出版社，2012.

[12] 单东林，等. 锋利的 jQuery[M]. 2 版. 北京：人民邮电出版社，2012.

[13] 高金勇. JavaScript+jQuery 从入门到精通[M]. 北京：化学工业出版社，2012.

[14] 姚敦红，等. jQuery 程序设计基础教程[M]. 北京：人民邮电出版社，2013.

全国高职高专计算机、电子商务系列教材推荐书目

【语言编程与算法类】

序号	书号	书名	作者	定价	出版日期	配套情况
1	978-7-301-15476-2	C 语言程序设计(第 2 版)(2010 年度高职高专计算机类专业优秀教材)	刘迎春	32	2013 年第 3 次印刷	课件、代码
2	978-7-301-14463-3	C 语言程序设计案例教程	徐翠霞	28	2008	课件、代码、答案
3	978-7-301-20879-3	Java 程序设计教程与实训(第 2 版)	许文宪	28	2013	课件、代码、答案
4	978-7-301-13570-9	Java 程序设计案例教程	徐翠霞	33	2008	课件、代码、习题答案
5	978-7-301-13997-4	Java 程序设计与应用开发案例教程	汪志达	28	2008	课件、代码、答案
6	978-7-301-22587-5	C#程序设计基础教程与实训(第 2 版)	陈 广	40	2013 年第 1 次印刷	课件、代码、视频、答案
7	978-7-301-14672-9	C#面向对象程序设计案例教程	陈向东	28	2012 年第 3 次印刷	课件、代码、答案
8	978-7-301-16935-3	C#程序设计项目教程	宋桂岭	26	2010	课件
9	978-7-301-15519-6	软件工程与项目管理案例教程	刘新航	28	2011	课件、答案
10	978-7-301-24776-1	数据结构(C#语言描述)(第 2 版)	陈 广	38	2014	课件、代码、答案
11	978-7-301-14463-3	数据结构案例教程(C 语言版)	徐翠霞	28	2013 年第 2 次印刷	课件、代码、答案
12	978-7-301-23014-5	数据结构(C/C#/Java 版)	唐懿芳等	32	2013	课件、代码、答案
13	978-7-301-18800-2	Java 面向对象项目化教程	张雪松	33	2011	课件、代码、答案
14	978-7-301-18947-4	JSP 应用开发项目化教程	王志勃	26	2011	课件、代码、答案
15	978-7-301-19821-6	运用 JSP 开发 Web 系统	涂 刚	34	2012	课件、代码、答案
16	978-7-301-19890-2	嵌入式 C 程序设计	冯 刚	29	2012	课件、代码、答案
17	978-7-301-19801-8	数据结构及应用	朱 珍	28	2012	课件、代码、答案
18	978-7-301-19940-4	C#项目开发教程	徐 超	34	2012	课件
19	978-7-301-20542-6	基于项目开发的 C#程序设计	李 娟	32	2012	课件、代码、答案
20	978-7-301-19935-0	J2SE 项目开发教程	何广军	25	2012	素材、答案
21	978-7-301-24308-4	JavaScript 程序设计案例教程(第 2 版)	许 旻	33	2015	课件、代码、答案
22	978-7-301-17736-5	.NET 桌面应用程序开发教程	黄 河	30	2010	课件、代码、答案
23	978-7-301-19348-8	Java 程序设计项目化教程	徐义晗	36	2011	课件、代码、答案
24	978-7-301-19367-9	基于.NET 平台的 Web 开发	严月浩	37	2011	课件、代码、答案
25	978-7-301-23465-5	基于.NET 平台的企业应用开发	严月浩	44	2014	课件、代码、答案
26	978-7-301-13632-4	单片机 C 语言程序设计教程与实训	张秀国	25	2014 年第 5 次印刷	课件
27		软件测试设计与实施(第 2 版)	蒋方纯			

【网络技术与硬件及操作系统类】

序号	书号	书名	作者	定价	出版日期	配套情况
1	978-7-301-14084-0	计算机网络安全案例教程	陈 昶	30	2008	课件
2	978-7-301-23521-8	网络安全基础教程与实训(第 3 版)	尹少平	38	2014	课件、素材、答案
3	978-7-301-18564-3	计算机网络技术案例教程	宁芳露	35	2011	课件、习题答案
4	978-7-301-21754-2	计算机系统安全与维护	吕新荣	30	2013	课件、素材、答案
5	978-7-301-09635-2	网络互联及路由器技术教程与实训(第 2 版)	宁芳露	27	2012	课件、答案
6	978-7-301-15466-3	综合布线技术教程与实训(第 2 版)	刘省贤	36	2012	课件、习题答案
7	978-7-301-14673-6	计算机组装与维护案例教程	谭 宁	33	2012 年第 3 次印刷	课件、习题答案
8	978-7-301-13320-0	计算机硬件组装和评级及数码产品评测教程	周 奇	36	2008	课件
9	978-7-301-12345-4	微型计算机组成原理教程与实训	刘辉珞	22	2010	课件、习题答案
10	978-7-301-16736-6	Linux 系统管理与维护(江苏省省级精品课程)	王秀平	29	2013 年第 3 次印刷	课件、习题答案
11	978-7-301-22967-5	计算机操作系统原理与实训（第 2 版）	周 峰	36	2013	课件、答案
12	978-7-301-16047-3	Windows 服务器维护与管理教程与实训(第 2 版)	鞠光明	33	2010	课件、答案
13	978-7-301-14476-3	Windows2003 维护与管理技能教程	王 伟	29	2009	课件、习题答案
14	978-7-301-18472-1	Windows Server 2003 服务器配置与管理情境教程	顾红燕	24	2012 年第 2 次印刷	课件、习题答案
15	978-7-301-23414-3	企业网络技术基础实训	董宇峰	38	2014	课件
16	978-7-301-24152-3	Linux 网络操作系统	王 勇	38	2014	课件、代码、答案

【网页设计与网站建设类】

序号	书号	书名	作者	定价	出版日期	配套情况
1	978-7-301-15725-1	网页设计与制作案例教程	杨森香	34	2011	课件、素材、答案
2	978-7-301-21777-1	ASP .NET 动态网页设计案例教程(C#版)(第2版)	冯 涛	35	2013	课件、素材、答案
3	978-7-301-21776-4	网站建设与管理案例教程(第2版)	徐洪祥	31	2013	课件、素材、答案
4	978-7-301-17736-5	.NET 桌面应用程序开发教程	黄 河	30	2010	课件、素材、答案
5	978-7-301-19846-9	ASP .NET Web 应用案例教程	于 洋	26	2012	课件、素材
6	978-7-301-20565-5	ASP.NET 动态网站开发	崔 宁	30	2012	课件、素材、答案
7	978-7-301-20634-8	网页设计与制作基础	徐文平	28	2012	课件、素材、答案
8	978-7-301-20659-1	人机界面设计	张 丽	25	2012	课件、素材、答案
9	978-7-301-22532-5	网页设计案例教程(DIV+CSS 版)	马 涛	32	2013	课件、素材、答案
10	978-7-301-23045-9	基于项目的 Web 网页设计技术	苗彩霞	36	2013	课件、素材、答案
11	978-7-301-23429-7	网页设计与制作教程与实训(第3版)	于巧娥	34	2014	课件、素材、答案

【图形图像与多媒体类】

序号	书号	书名	作者	定价	出版日期	配套情况
1	978-7-301-21778-8	图像处理技术教程与实训(Photoshop 版)(第2版)	钱 民	40	2013	课件、素材、答案
2	978-7-301-14670-5	Photoshop CS3 图形图像处理案例教程	洪 光	32	2010	课件、素材、答案
3	978-7-301-13568-6	Flash CS3 动画制作案例教程	俞 欣	25	2012 年第 4 次印刷	课件、素材、答案
4	978-7-301-18946-7	多媒体技术与应用教程与实训(第2版)	钱 民	33	2012	课件、素材、答案
5	978-7-301-17136-3	Photoshop 案例教程	沈道云	25	2011	课件、素材、视频
6	978-7-301-19304-4	多媒体技术与应用案例教程	刘辉珺	34	2011	课件、素材、答案
8	978-7-301-24103-5	多媒体作品设计与制作项目化教程	张敬斋	38	2014	课件、素材
9	978-7-301-24919-2	Photoshop CS5 图形图像处理案例教程(第2版)	李 琴	41	2014	课件、素材

【数据库类】

序号	书号	书名	作者	定价	出版日期	配套情况
1	978-7-301-13663-8	数据库原理及应用案例教程(SQL Server 版)	胡锦丽	40	2010	课件、素材、答案
2	978-7-301-16900-1	数据库原理及应用(SQL Server 2008 版)	马桂婷	31	2011	课件、素材、答案
3	978-7-301-15533-2	SQL Server 数据库管理与开发教程与实训(第2版)	杜兆将	32	2012	课件、素材、答案
4	978-7-301-25674-9	SQL Server 2012 数据库原理与应用案例教程(第2版)	李 军	35	2015	课件
5	978-7-301-16901-8	SQL Server 2005 数据库系统应用开发技能教程	王 伟	28	2010	课件
6	978-7-301-17174-5	SQL Server 数据库实例教程	汤承林	38	2010	课件、习题答案
7	978-7-301-17196-7	SQL Server 数据库基础与应用	贾艳宇	39	2010	课件、习题答案
8	978-7-301-17605-4	SQL Server 2005 应用教程	梁庆枫	25	2012 年第 2 次印刷	课件、习题答案
9	978-7-301-18750-0	大型数据库及其应用	孔勇奇	32	2011	课件、素材、答案

【电子商务类】

序号	书号	书名	作者	定价	出版日期	配套情况
1	978-7-301-12344-7	电子商务物流基础与实务	邓之宏	38	2010	课件、习题答案
2	978-7-301-12474-1	电子商务原理	王 震	34	2008	课件
3	978-7-301-12346-1	电子商务案例教程	龚 民	24	2010	课件、习题答案
4	978-7-301-25404-2	电子商务概论（第3版）	于巧娥等	33	2015	课件、习题答案

【专业基础课与应用技术类】

序号	书号	书名	作者	定价	出版日期	配套情况
1	978-7-301-13569-3	新编计算机应用基础案例教程	郭丽春	30	2009	课件、习题答案
2	978-7-301-16046-6	计算机专业英语教程(第2版)	李 莉	26	2010	课件、答案
3	978-7-301-19803-2	计算机专业英语	徐 娜	30	2012	课件、素材、答案

如您需要更多教学资源如电子课件、电子样章、习题答案等，请登录北京大学出版社第六事业部官网 www.pup6.cn 搜索下载。

如您需要浏览更多专业教材，请扫下面的二维码，关注北京大学出版社第六事业部官方微信（微信号：pup6book），随时查询专业教材、浏览教材目录、内容简介等信息，并可在线申请纸质样书用于教学。

感谢您使用我们的教材，欢迎您随时与我们联系，我们将及时做好全方位的服务。联系方式：010-62750667，liyanhong1999@126.com，pup_6@163.com，lihu80@163.com，欢迎来电来信。客户服务 QQ 号：1292552107，欢迎随时咨询。